意林小励志

敢行动，梦想才生动

《意林》图书部　编

吉林摄影出版社
·长春·

图书在版编目（CIP）数据

敢行动，梦想才生动 /《意林》图书部编. -- 长春：吉林摄影出版社，2024.9. --（意林小励志）.
ISBN 978-7-5498-6279-5

I.B848.4-49

中国国家版本馆CIP数据核字第2024ZZ3052号

敢行动，梦想才生动　GAN XINGDONG, MENGXIANG CAI SHENGDONG

出版人	车　强
出品人	杜普洲
责任编辑	吴　晶
总策划	徐　晶
策划编辑	张　娟
封面设计	刘海燕
美术编辑	刘海燕
发行总监	王俊杰
开　本	787mm×1092mm 1/16
字　数	180千字
印　张	10
版　次	2024年9月第1版
印　次	2024年9月第1次印刷

出　版	吉林摄影出版社
发　行	吉林摄影出版社
地　址	长春市净月高新技术开发区福祉大路5788号
	邮　编：130118
电　话	总编办：0431-81629821
	发行科：0431-81629829
网　址	www.jlsycbs.net
经　销	全国各地新华书店
印　刷	天津中印联印务有限公司

书　号	ISBN 978-7-5498-6279-5	定价	20.00元

启　事

本书编选时参阅了部分报刊和著作，我们未能与部分作品的文字作者、漫画作者以及插画作者取得联系，在此深表歉意。请各位作者见到本书后及时与我们联系，以便按国家相关规定支付稿酬及赠送样书。

地址：北京市朝阳区南磨房路37号华腾北搪商务大厦1501室《意林》图书部（100022）

电话：010-51908630转8013

版权所有　翻印必究

（如发现印装质量问题，请与承印厂联系退换）

第一辑

竭尽全力，舍弃所谓的安逸

做了两万多次的梦　王学超 / 2
不可救药的人生，也应该再抢救一下　李月亮 / 4
我随时可以单枪匹马，为梦想而战　文长长 / 6
真正有趣的生活　萧萧依凡 / 8
不要轻视自己任何时候的梦想　聂科宇 / 10
机械梦撞上牛津梦　木　工 / 12
少年"牛仔裤奇迹"，拯救地球　佚　名 / 14
11岁的"童话大王"　李　静 / 16
迈出第一步的勇气　甘　北 / 18
一事精致，便能动人　李林泽 / 19
多说"鲜花句"
　　［美］苏·帕顿·托埃尔　译 / 佚　名 / 20
三天只做一秒　张君燕 / 21
一万小时定律　兔子先森 / 22
一株野蛮生长的早稻　子鱼非鱼 / 24
逆风局也别投降，自信就是上分王　茉莉胭脂 / 26
每一刹那都是人生的机会　林清玄 / 28

第二辑

坚守梦想，人生想赢就要拼

你的努力有一斤还是八两　夏苏末 | 30
如果你躺在那里，
　　是不会有人把世界给你的　王逅逅 | 32
穷游女孩　孙建勇 | 33
被蝴蝶勾上高山的男孩　吴呈杰 | 34
一句话，足以熬垮你的行动力
　　韩大爷的杂货铺 | 36
世上没有无用之事　王国梁 | 38
愿你敢放手一搏，纵无所得　曲玮玮 | 40
十年之后的电话
　　[澳大利亚]达仁·鲍克　译/夏殷棕 | 42
你能抵达的，比想象更远　甘北 | 43
一张废纸片成就的文学大师　鲁先圣 | 44
我矮，所以你得低头啊　江罗 | 46
我们是不是真的不如别人　孙晴悦 | 48
我就是想要最好的　黎饭饭 | 50
你所有的偏见，
　　都只是因为你还未达到那个层级　夏至未眠 | 52
有梦想谁都了不起　王秋凤 | 54

第三辑

信念不败，越磨砺越有光彩

看得见的运气，看不见的努力　杨　梅 /56

"可做梦"的书店　鲁桂林 /58

法罗群岛的"绵羊尺"　刘　燕 /60

理想不会抛弃苦心追求的人　鲁先圣 /62

用一美元唤醒的文学梦　江志强 /64

多走几条路　大　鹏 /66

候鸟守护人　明前茶 /67

走出去，让世界找到你　陶瓷兔子 /68

掌握时间轨道的赢家　吴淡如 /70

每次只追一个人　张君燕 /72

犯错比读书学到更多

　　[德]罗尔夫·多贝里　译/刘菲菲 /73

露珠　尤　今 /74

第四辑

心态要稳，扛得住触底反弹

把最坏的日子过成最好的时光　李　静｜76
无所事事不是慢生活，是慢待生活　王　欣｜78
"白手起家"，我考上了耶鲁大学　江学勤｜80
积分学习法　空谷渺音｜82
拯救海洋的荷兰少年　陈世冰｜84
即刻启程　Nico｜86
用心拾掇自己　王举芳｜88
人和人的差距，远不止一个好运　沐　沐｜90
哪有天生幸运的传奇，
　　不过是长年累月的供给　巫小诗｜92
这不是理由　亦　舒｜93
你不需要忙，只需要坚持就够了　汤小小｜94
所有决定努力的时刻都是正当时　韦　娜｜96
学习有可能欺骗你　盛家飞｜98
纸做的梦想　高佩著｜100
读书的微量元素　刘　墉｜102

第五辑

转换思维，困境时从容应对

躺在家里不会遇到好运　艾小羊 | 104
给差生的奖学金　胡征和 | 106
一路追猴的女孩　成晓雷 | 108
三大心态　尤 今 | 110
退堂鼓　吴淡如 | 112
做一个最好的你
　　[美]道格拉斯·玛拉赫　译/袁　玲 | 113
不拒绝成长的邀请　苏 岑 | 114
"大时间"和"小时间"　刘　墉 | 116
水稻里的"弱者"与"强者"　王小燕 | 118
这事，在我努力的范围内
　　韩大爷的杂货铺 | 120
从前，真的很慢　蒋 曼 | 122
最短的道路　魏悌香 | 123
哪有什么顺其自然　艾小羊 | 124
用我的一辈子去画你　本 心 | 126
追着追着，
　　就站到了成功的光环里　陈　姣 | 128

第六辑

勇敢取舍，活出曼妙的人生

梦想千百遍的暗涌，
　都不及实现那一秒的壮阔　甘　北 | 130
4分钟的"奇迹"　韩大爷的杂货铺 | 131
早起一小时，你就赢了　浮在天上的猫 | 132
无臂赛车手极速追梦　李　静 | 134
用超强的行动力去追梦　谷声熊 | 136
好的生命状态比选择更重要　晚　秋 | 138
限量版人生　黄竟天 | 140
竞争中的"N效应"
　[美]戴维·迪萨尔沃　译/王岑卉 | 141
毁不掉的优秀　暗香疏影 | 142
创造力强更易记住梦　王海洋 | 144
和正能量的人交往，
　才是对自己负责　Jenny乔 | 145
最坏的结局，不过是大器晚成　王宇昆 | 146
我就是爱看朋友圈　曲纬纬 | 148
语言的力量　关山远 | 150

第一辑

竭尽全力，
舍弃所谓的安逸

做了两万多次的梦

□王学超

我退伍后，忽然间没有了目标，也没有就业方向。我几乎给每个招聘点都投过简历，但那些公司都因为我没有上过大学而把我冷冷地拒之门外。

直到半个月后，我忽然间接到了一个咖啡培训学校后勤采纳的工作offer（录取通知书）。虽然心里一点儿底气都没有，但我还是不愿放弃这仅有的工作机会。

在去咖啡培训学校之前，我根本不懂咖啡，有关咖啡的知识我都从头学起。此后半年，生活渐渐安稳无虞，我想我的余生大概就是一个咖啡采纳工人了。没想到，一次机缘巧合改变了我的人生轨迹。

我在搬运咖啡豆路过咖啡培训教室时，看到了培训老师教学生拉花的过程。老师轻巧优美的动作和灵动的图案让我对拉花产生了兴趣。此后，只要一有时间，我就会到咖啡培训教室听课。

有一天，当我正做着笔记的时候，老师忽然叫了我的名字，想让我做一次拉花试试看。直到现在我还记忆犹新，那一瞬间的自己，是多么震惊。

怎么抬步走上讲台的，我已经忘了，只记得我先是把咖啡研磨成咖啡液，慢慢倒入杯中，再用颤抖的手慢慢倒进奶油，凭借紧张之下的唯一意识，绕出了一片"树叶"。

老师看到这片树叶形状的拉花，拍着我的肩膀一个劲儿地夸我"有天赋""可造之材"。或许是得到了老师的肯定，我自信心爆棚，此后，我借工作之便，正式开始咖啡学习之路。

从事过咖啡行业的人都知道，咖啡出品，呈现给客人，才是最后一道工序。能不能站得住吧台，才是衡量一名咖啡师优劣的标准。

学习拉花一年后，我也意识到了这一点。于是，我开始到咖啡店去做吧员。每天除了自己的工作，我还会保持3~4个小时高强度的拉花练习。就这样，每天十多杯的出品，四年下来，就有了两万多杯的练习量。

这期间，我也得了一些奖项，但我知道自己并不是老师所说的天才。我只是觉得自己应该认真地对待每一杯咖啡，渐渐地，就把这种认真重复了两万多次。

后来，我创立了"3 coffee studio（3号咖啡屋）"，有了一间属于自己的独立工作室。坐在窗前，看着窗外的蓝天白云，我有一种难言的自豪感。

曾经以为没有上过大学会是我人生中一个毁灭性的缺憾，如今看来，能影响我人生的，终归还是自己的努力。

时间不语
梦亦安然

对种子来说，收获是丰年的开端；对江水来说，入海是洋流的开始；对人生来说，生活中存在着无数起点和终点。有志者，总是把每一次太阳升起的时刻，都看作生命的起跑线！

不可救药的人生，也应该再抢救一下

□李月亮

一

小松是我大学同届同学，家境不好，母亲瘫痪多年，父亲蹬三轮车养家。她读大学的费用完全自理，每个周末，我们看美剧时，她端着盘子在超市做促销。我们嘻嘻哈哈爬山逛街时，她奔波在一栋栋居民楼里发传单。

2001年，小松准备考研。可就在考试前一个月，她父亲出事了——他超载的三轮车在紧急躲避一辆大货车时，翻到了沟里，父亲当场身亡，还撞伤了一个小女孩。

小松回家给父亲办了丧事，又卖了房子赔偿女孩家。她放弃了考研，搬出宿舍，每天上课、找工作、照顾母亲，还坚持打工。

很难想象一个二十岁出头的姑娘是怎么扛起这一切的。

她最后留在我印象里的，就是那个凌乱而艰辛的背影。

二

而现在，小松已是一家玩具厂的老总。

聊及往事，她告诉我，她遭遇的远不止我知道的那些。

原来她当年是有男朋友的，也是大学生，二人约好了一起考研，但在小松接了母亲过来后，他去看了一次，随后就消失了。

小松妈深深觉得连累了孩子。有一次小松发现她在攒绳子，长的短的，攒了一堆，一小截一小截地接起来，藏在褥子底下——床的正上方有根横梁，傻子也能猜到她想干什么。那天小松抱着她妈哭，说："我没爸了，你还想让我没妈吗？"她妈也哭，说："小松，我看你太苦了。"

"当时我就想，我好好的一个人，有手有脚有脑子，难道还养不活我妈？"小松说。

第二天，她花170块钱买了套有生以来最贵的衣服，又理了发，开始玩命找工作。至于公司规模、职业前景、工作强度什么的，她统统不在乎。

然后她就进了一家只有五个人的小公司，一个人干三个人的活，领两个人的薪水，忙得焦头烂额，连毕业典礼都没能参加。

"不觉得苦吗？"

"苦啊，苦死了。但根本没心思抱怨，没时间崩溃，更没资格矫情，我得先保证我们娘俩活命。"

她接着说了一段我觉得特别好的话："困难太大的时候，就不能多想。好比你要爬一座特别高的山，绝不能在山脚下一直看山顶，别去想它有多高，先把脚下这步迈出去再说。"

一年后，小松终于缓过点儿气来，还清了助学贷款，和妈妈搬出平房；又过了两年，她应聘到一家更大的玩具厂，一去就是中层，在那里认识了现在的老公，两人做足了准备后一起辞职，开了自己的公司，慢慢发展起来，现在每年已经有上百万元的利润，车子、房子、孩子也都有了。

"我妈现在见人就说她可没想到会有今天。其实我也没想到，根本不敢想。有时候回头想想以前那些苦，自己都忍不住打冷战，好在都挺过来了。"

三

真是一手烂牌，打出了一个春天。

老天给每个人发的牌都不一样，每个人对自己这副牌的用心程度也不一样。

而就在我们为自己的不够用心寻找过硬的借口时，那个拿着一手烂牌的人，已经咬紧牙关扭转了局势，站在了更有利的位置。

看起来不可救药的人生，都是应该再抢救一下的。

你不自救，谁能救你？

唯有梦想才配让你不安，唯有行动才能解除你的不安。

我随时可以单枪匹马，为梦想而战

□文长长

大一那年，我算是特立独行的。早上没课的时候，我依然坚持早起去图书馆；平时没事，我也会选择去参加各种活动。相比每天在寝室睡觉、看连续剧的室友，我的生活还算励志。慢慢地，因为我早起，室友说我吵到了她们，甚至跟我说："寝室也可以复习，不要去图书馆了。"在我拒绝了她们的建议之后，我被孤立了。

她们三个会一起说我早起声响大，打扰她们睡觉；每次我去图书馆，她们都会冷嘲热讽地说我是"好学生"；她们白天睡觉，会关窗帘关灯，哪怕我在。最开始，我以为真的是我影响她们了，后来我明白了，她们只是在逼我加入她们。

这个世界真有这样的人：在他们不想努力的时候，他们绝不允许你努力；在发现你努力的时候，他们会抱团逼你一起堕落，消耗你。还好我坚持了下来，哪怕被当作"异类"，也没有妥协。

我被身边的人和事影响心情时，通常有两种解决措施：对于我觉得很重要的事情，我会投入较多的精力去解决，尽量把损失降到最低，实在解决不了的，我也只会最多给自己两天时间去难过，然后重新投入工作和生活；对于那些不重要的事情，我更不会给此事太多机会去消耗自己。

有段时间，我总是被人际关系牵着鼻子走，特别在意一些无谓的东西，被侵蚀却不自知。有个女生不是很喜欢我，跟身边的人说我的坏话。我很在意，也很难过，试图努力去搞好这段关系，但始终没有好起来，最后我被弄得精疲力竭，于是索性就由她去。对于人际关系，我总结出了一个最合乎我性情的原则：尊重他人，亲疏随缘。

很多无谓的事情让我烦躁不安的时候，我宁愿把时间花在提升自己的地方,也不要浪费在一些不值得的小事上,纠结只会让自己被负能量侵蚀。

当室友拉着我聊没有营养而我又不感兴趣的八卦时,我会转身离开去干我的事;当被别人误解而我知道解释没用的时候,我会选择闭口不争辩;当室友一起孤立我说我不合群的时候,我会继续做我该做的事。

也许有人会说:"你就是一个极度自私、自我的人。"我承认我的确自我,但那不是自私。自我是有主见,不会被一些无谓的事情影响。当别人都选择睡觉的时候,我独自看书、写字,做我想做的事;当大家都想上班领个基本工资时,我积极表现自己、提升自己;当别人会为未发生的某些事担心,我会努力用行动来安抚内心。我的自我提升并没有损害任何人的利益。我只是很珍惜时间,很热爱我的生活。我只是想停留在更多美好的事情上,害怕被不美好的事情消耗。

若我每天都只为了不被当作异类而讨好别人,做着那些甚至连自己都不知道为什么要做的事,那我这一辈子将过得毫无意义。身为单独的个体,我们有必要对自己负责,做自己想做的事情并坚持下去,哪怕周围的人都嘲笑你。或许,那些被嘲笑的梦想,才更值得坚持。

如果可以,请远离那些消耗你的人和事。小说《无声告白》里有一句话:"我们终其一生,就是要摆脱别人的期待,找到真正的自己。"人生那么短暂,诱惑和困难那么多,我们随时要做好单枪匹马为梦想而战的准备。

> 时间不语 梦亦安然
>
> 有梦想就要付出行动,别让梦想只是"梦"和"想"!

真正有趣的生活

□萧萧依凡

在北京，我曾偶遇过一位懂生活的高手。他不过是一个二十岁出头的大男孩，利用暑期到北京打工。当时他打工的餐馆离天安门不远。餐馆不大，他既负责点菜，也负责上菜，忙得不亦乐乎。

我看到他时，他正在跟一个法国人连说带比画地"聊天"。那个法国人在向他咨询一道菜，而他完全不懂法语，英文也不是特别好。但是，他"手舞足蹈"推荐的菜居然很合法国人的口味。

法国人离开时，他热情地送到门口，顺带着连说带比画地给人家指了路，推荐了景点。原来，他在这里遇见过很多不同国家的人，早已练就了和各国人打交道的本事。

我问他："你每天都过得这么妙趣横生吗？"当时，他在那家餐馆打工已一个月有余，我猜想这么枯燥的工作应该早已让人心生厌烦。

他挠挠头，说："妙不妙，我不知道，反正每天都很有趣。"

每个周末，他都会拿着地图在北京到处转悠，像旅游一般惬意。他故意用一口老北京的腔调，发音准确无比。这是他跟餐馆周边的北京大妈大爷们学来的。他说，餐馆附近住着一对老夫妇，很有趣的一对老人家。那对老夫妇很喜欢他。大妈喜欢找他聊天，大爷喜欢教他看图纸，偶尔来兴致了还约他一起观园。一个月的时间，他已经成了北京通。他短短几句话，就让我对那对老人家生出了无尽的兴趣。

似乎，在他眼里，全世界都是好玩得不得了的事情。仅仅是简单的一番交谈，你就能感觉到，他活得特别带劲，生机勃勃。这大概就是人们所说的：对于那些内心快乐的人而言，所有的过程都是美妙的。

人生的确需要时时激活，却并不依赖于惊天动地的大事件。生活真正的趣味都融于日常小事中。很多卓越的人拥有着不平凡的一生，但有趣的生活依然源于日常琐事。

在杨绛先生的《我们仨》一书中，更能让人体味到这一点。

记得读这本书之前，我猜测，里面记录的大抵应该是波澜壮阔的一生，就好似普通人心心念念的"诗和远方"。然而，让我笑中带泪、泪水涌出之后又很快笑出声的，只是一些温馨的、鸡毛蒜皮的小事。这些日常里包含着说不尽的世间乐趣，让人回味不断，绵长悠久。

杨绛先生记录一家三口爱去动物园，把各种动物的习性和秉性写得惟妙惟肖。比如大象，她写道："更聪明的是聪明不外露的大象……母象会用鼻子把拴住前脚的铁圈脱下，然后把长鼻子靠在围栏上，满脸得意地笑。饲养员发现它脱下铁圈，就再给套上。它并不反抗，但一会儿又脱下了，好像故意在逗那饲养员呢。"

杨绛先生的笔下，每一个情节都是那么饱满，有光芒。

掩卷之际，我也明白了，这种来自日常的有趣，才是真正而持久的有趣，深入骨髓。

我们应该审视下自己，审视下身边的人来人往，试着换个角度重新对待自己的生活。见了面从来不打招呼的那个邻居，你试着给她一个微笑；公司周边新开的那家餐馆，你约三五同事一起去品尝。

真正有趣的生活，从来不需要用"诗和远方"来堆砌。它囿于厨房，却容得下山川湖海的纵横生趣。

生活中的大波澜永远只是点睛之笔，是锦上添花，不能当作救命稻草。要想拥有一个有趣的人生，我们必须学会与日常琐碎谈情说爱，让水泥地里长出嫩芽，开出鲜花。

拥有梦想只是一种智力，实现梦想才是一种能力。

不要轻视自己任何时候的梦想

□聂科宇

我要当科学家

谈理想大概是每个人小学时的必修课，想必大家都会有些印象，答案无外乎"我要当老师""我要做医生""我要当警察"之类。我还记得有个女孩站起来说"我要当好妈妈"，引得哄堂大笑。

笑过之后，我突然发现自己其实也不知道将来要做什么，只觉得科学家还不错，有点儿派头，就说自己要当科学家。老师问我为什么，我有点儿无礼而又豪迈地来了一句："科学家不是谁想当就能当的，我能当，因为我的名字里有个'科'字。"

当然，我也引来了哄堂大笑，老师甚至笑得连眼泪都出来了。我急了，说："我就要当，我非要当科学家！"果然，当天下午我就当上了"科学家"——这三个字，从此成了我小学阶段流传最广的外号。

后来，高考报志愿的时候，我便认定非中科大不读了。从中科大毕业后，我选择了出国，成为海外求学大军中的一员。

一个小学同学跟我开玩笑说："你小子莫非真的要当科学家了？"我一阵大笑。

思想有多远，就走多远

我曾经看过一本书，它这样分析成功者的心理特征："所谓成功，不过是卑微的愿望得到满足——犹如饿极了去讨饭，吃饱了，满桌盛宴也就索然无味了。"

我不想用讨得的饭去撑饱肚子而无福消受满桌珍馐，这种满足不是我追求的成功，所以我从来不屑于"保守"二字。

师长总是会告诫我们："要实事求是，不要好高骛远！"这固然没错，不过这是从他们的角度来说，对于什么都还没经历过的我们，何谓高，何谓远呢？井底之蛙梦想到达地面才是好高骛远。

所以，在个人青春奋斗路上，我们要抛弃保守，反正我们一无所有，科学家如何？宇航员又如何？

放手一搏，笑傲江湖，岂不快哉？在我的意识里，来点儿唯心主义也未尝不可，反正"思想有多远，就能走多远"！

我们总会有一些被旁人认为是好笑或卑微的愿望，然而不管别人怎么看，起码对自己来说，它们是必要的，不然我们不会称之为梦想！就像你现在热切向往进入某所大学一样，这绝对是你能够继续在高三苦熬的不竭动力。

成功，源于梦想

我对于成功的心得只有一条，即"在无数成功的事例中去寻求一些共同的东西，走上属于自己的那条道路"。我相信学海无涯，更相信山外有山，所以我要走遍世界，去寻求我的个人真理，在成功之前见证各样人生、各式成功。

起初我以为自己有一个多么宏大的梦想，等我迈出了第一步，才意识到这其实一点儿也不难。我幻想，也许有一天，我会碰上一个奇异国度的公主，或是一个智者，一位良师，一位益友……一切都有可能，我就是要用雄心去迎接自己的未来，用自己的头脑和双手去创造"未来之我"！

所以，有些狂妄的我常常这样想，也许将来你们听不到"物理界新星聂科宇"之类的话，但是可能会看到"世界新兴首富聂科宇"这类的头版头条！

我想，每一个人都要有这样的梦想，才不枉人生吧。

望远镜可以望见远的目标，却不能代替你走半步。

机械梦撞上牛津梦

□木 工

也许女孩就应该清秀文静,精于诗文或酷爱绘画。而她的天赋偏偏在机械方面,是同学心目中的"机械才女",年纪轻轻就让牛津大学机械专业向她伸出了橄榄枝。她就是17岁的李芷欣,广东优联学校的高三女孩。

小时候的李芷欣跟男孩没有多大的区别,常常缠着大人买玩具枪炮,转眼间一个玩具车变成一堆零件。稍微大些,家里的小电器也被肢解,她嚷嚷说研究运行原理。她是一个很不安分的"熊孩子",大人拿她没办法。

上初中的时候,父母经过慎重考虑,决定发展她的兴趣爱好,重点向理科方面发展。一次,父亲带她去参观机械博物馆。在一台机床面前,父亲说中国的机械工业落后欧美至少30年。外国工业企业借合资之名,慢慢将处于优势的中国工业企业发展为独资,建立的技术中心被撤销、合并。一些核心知识产权被外国人垄断,收很高的专利费,涉及重要的军工设备,外国还会禁运。

李芷欣未预料到中国的机械工业形势如此严峻,幼小的她,已经有了投身于机械工业的决心,振兴中国机械工业成了她追求的梦想。上高中后,学习压力大,空闲时间少了起来。但无论多忙,她都要看一些机械理论书籍。到了周末,她总会挤出时间去做实践研究。有一段时间,她对各种引擎产生兴趣,奔走于博物馆之间,观察客机、战斗机、汽车引擎的外部结构。然后去图书馆,借回厚厚的一大摞书,研究各种引擎内部的工作原理。她还亲自到汽车维修店,找到维修师傅,了解发动机涡轮增压技术,写出了数万字笔记。

在一次学校的研究性课题上,李芷欣牵头研究了电磁炮。她通过上网搜索网友成功的经验,结合书本上的知识,反复论证后,接着动手实践。她去电器市场购买电路板原件，制造电磁线圈模型……这个课题几乎是她亲力亲为，得到了老师很高的评价。

正因为对机械浓厚的兴趣，有丰富的理论知识和较强的动手实践能力，她被学校推荐参加英国帝国理工学院暑期实践。在帝国理工学院的暑期课程中，李芷欣加入了由英国航天局与学院联合组建的项目团队。暑期作业要求学员提出一整套在水星上建造人类居住地的详细方案。时间有限，不能超过两天时间，内容涉及众多，包括空气质量、氧气循环、建造过程等，都要考虑到。

接到任务后，项目负责人立即做了分工。李芷欣负责机械设计。这是她第一次在国外接触到机械工程这个专业，心里既高兴又担忧。因为时间紧，没有多余的时间去论证。让她高兴的是，走进帝国理工学院，亲自参与项目，是她以前想也不敢想的。既然参与进来，就要努力做到最好，让别人对她刮目相看。两天时间里，她几乎没合眼，去图书馆翻阅资料，在网上搜索知识。当她将方案递交给项目负责人时，这个来自英国的高才生竖起了大拇指。

一年一度的牛津大学面试在全国展开，李芷欣信心满满，参加了面试。面试教授告诉她，这是道很难的题，答案正确未必能录取，要做好生理和心理的准备。正如教授所料，这是一道难题。看着这道题，她不知道怎样解才合教授的心意，因为答题正确或错误不是通过的标准，心里没有一点儿头绪。她顶住压力，一步步分解，然后讲解证明过程，说出了自己的想法。教授频频点头，说："我们主要考查学生的逻辑思维能力和应变能力，是否适合从事机械研究。你很优秀，恭喜你顺利通过了面试，牛津欢迎你！"

如愿进入牛津，而且是喜欢的机械制造专业，兴趣与学习重叠，李芷欣踌躇满志，她将在新学期赶赴英国，期待学成归来，在机械行业有所作为，实现振兴中国机械工业的梦想。

智者的梦再美，也不如愚人实干的脚印。

少年"牛仔裤奇迹",拯救地球

□佚 名

从9岁开始收集牛仔裤,8年收集了30000条,用来干什么呢?——造房子。这不是猎奇,而是美国小伙艾瑞克·汉森的真实经历。如今他捐的牛仔裤早已变成了几十套大房子,为人们遮风挡雨。

在艾瑞克9岁之前,他和其他小孩儿没有什么不同,直到他看到《国家地理》杂志上的公益组织"810"张贴的一则广告,呼吁大家去捐牛仔裤。原来成千上万被丢弃的牛仔裤会成为"环境杀手",它们不仅占用人们的生活空间,上面残留的重金属还会对土地和河流造成破坏。而如果能将牛仔裤回收,就可以做成一种名叫Ultra Touch(超碰)的牛仔绝缘体材料——造房子的绝佳环保材料。

于是艾瑞克想参与其中,但他一个人的牛仔裤实在太少了,如果能发动更多人一起做这件事该多好。他把家里的桌子和板凳搬到马路边,摆起摊来,正式发起了牛仔裤回收运动。

艾瑞克的"摊位"很快就吸引了社区的居民,没多久,他就收集了1684条牛仔裤,还获得了一张去参加吉尼斯纪录现场评选的票。而最让他高兴的是,几个月后,他真的在网络上看到了用这些牛仔裤建起的房子,这些房子能保温、防潮、防火,非常实用。

于是,少年艾瑞克决定把"牛仔裤运动"进行到底!当别的小伙伴利用假期外出游玩度假时,他都是一个人在人流多的地方,用老方法摆摊收集破旧牛仔裤。

2010年,3个月之内他就开展了5次回收活动,收集了4154条牛仔裤。这一年,他还启用了移动回收箱,让人们可以随时随地捐牛仔裤。一年之后艾瑞克的事迹登上了《赫芬顿邮报》,还获得美国哥伦布市颁发的环保成就奖、俄亥俄州天才儿童协会杰出学生奖。而他的"牛仔裤运动"也被电视媒体报道出来。为了收集更多的牛仔裤，艾瑞克决定和公益组织合作；成为合作伙伴之后，他一边继续推进他的"牛仔裤运动"，一边参与该组织收集牛仔裤的创新项目。

2014年，为了达成100万条牛仔裤回收的任务，他曾亲自走访，并费尽心力联系到洛杉矶的15位明星，呼吁他们每人贡献出衣橱里的亲笔签名牛仔裤，对这些牛仔裤进行拍卖。其中参与的明星有"小甜甜"布兰妮等人，公益组织开始把艾瑞克和其他地方收集的牛仔裤造成绝缘墙面。他们将牛仔裤放到一个神奇的加工机上，将它们碾压成绝缘墙体，这些绝缘材料经过切割、打包，最后被装运上卡车，直接运送到目的地。

这些房子的主构架还是木头和钢管，造好后牛仔裤就被不断地填充到空空的架子中，等到整个房子都被这些由牛仔裤变成的绝缘材料填满后，他们给房子铺上木板和天花板。就这样，在大家的努力下，一所能保温、防潮、防火的新房子就建起来了。

每个人在孩提时代都做过"拯救地球"这样的梦，只不过大多数人把梦遗忘在记忆的河流里。而艾瑞克·汉森，却花了8年的时间，让回收牛仔裤这件不起眼的小事，成了全球化的拯救行动。

心怀梦想，少年的牛仔裤奇迹，还在继续。

用未来的眼光看待现在的困难，一切都会过去；用过去的期望衡量现在的成果，梦想总会实现。

11岁的"童话大王"

□李 静

曹玥从小就非常喜欢听故事,一两岁时爸爸就天天给她读故事书。每每这时,小曹玥总是很认真地听,沉浸在爸爸绘声绘色的朗读和充满童趣的精彩故事中。她到3岁时,已经能完整地复述爸爸给她讲过的童话故事,甚至能自己看完一本书。

父母看曹玥很喜欢看书,就给她买了《格林童话》《安徒生童话》等许多中外名著,以及科普类的图书,各类书籍摆满了家里大大小小的书架。

曹玥的童年记忆里全部都是书和童话故事,她每天要看几个小时的书,一本书能反反复复看上三四遍。随着曹玥逐渐长大,家里的书已经不能满足她的阅读量。为此,爸爸给她办了湖北省图书馆的借书证,一有时间就带她去借书。

上小学后,曹玥依然坚持每天看一两个小时的书。二年级寒假时,班主任老师布置了一项特殊的寒假作业:老师希望同学们开拓思维,写一写假期见闻,或者读一些有意义的书,写写读书感想。

根据老师布置的作业,曹玥开始构思,以一年级小学生王丽丽为主线,写出了一个她被怪物抓到X星球后,面对外星球陌生的世界进行的一场正义与邪恶之间较量的故事。曹玥将这篇科幻故事作为作业交给老师后,老师觉得这只是个开头,后面还可以扩展,就鼓励曹玥继续写下去。曹玥在老师的鼓励下展开了丰富的想象,按照自己的思维模式写了下去。没想到这一写竟然无法收笔,她也因此养成了每天写半个小时的习惯。

就是这篇寒假作业,开启了曹玥的创作之旅。曹玥每写完一篇文章,总是先拿给父母看,然后再交给班主任老师看,请老师帮忙提出修改意见。在老师的帮助和父母的支持下,曹玥的进步非常快。

三年级时，曹玥完成了一个小学生进入X星球的全部故事，父母为了鼓励她，自费将她的文字变为了铅字，这本充满科幻色彩的《X星球历险记》就是曹玥出版的第一本书。《X星球历险记》被曹玥拿到校园里义卖，30多本书还没来得及宣传就被同学们抢购一空。

同学们都非常喜欢阅读曹玥写的科幻童话故事，觉得故事情节既天马行空又让他们耳目一新，不仅充满趣味，还能营造出他们这个年龄所喜欢的世界。曹玥看到同学们捧着自己写的书，心中充满无限喜悦。

第一本书的成功并没让曹玥沾沾自喜，反而让她加倍努力。三年级以后，曹玥除了按时完成作业，做好预习和复习，只要一有时间就会捧本书看。虽然灵感大部分来源于她一直以来所读的书，但在创作过程中她也会遇到瓶颈。每每这时，曹玥总是喜欢和同学们一起讨论，听听大家对故事的进展有什么建议，有时同学们的建议能让她茅塞顿开。

现在曹玥除了看书，多年来不改的习惯就是只要爸爸有空，她就会拉着爸爸给她讲故事。她会聚精会神地听，然后仔细思考故事情节，偶尔也会设想如果换作自己来写，故事的结局将会如何。

曹玥从二年级开始写科幻童话，用4年时间写了7本书，共30多万字。曹玥因这些科幻童话故事成了学校人尽皆知的小"作家"，也拥有了许多喜欢读书的小"粉丝"。曹玥的成功离不开父母从小对她阅读习惯的培养，离不开班主任老师一直以来让她按照自己的思维方式写作的鼓励，更离不开她自己多年来的不懈努力。

从兴趣开始，做自己喜欢的事，只要坚持到底，没有什么事是不能成功的。其实，通往成功的路是向每个人开放的，无论年龄大小、学历高低，只要付出不懈的努力，终有一天梦想之花会精彩绽放。

向上生长。种子破土而出的时候，不会去想遇到的是风雨还是阳光。

迈出第一步的勇气

□甘 北

我的大学老师曾布置过这样一道作业:"你曾经做过哪些突破,是自己都不敢相信的?"

交上来的答案五花八门,有人练习两年的口语,终于考过雅思;有人每天绕着大学城跑,半年减掉了三十斤;有人不敢当众讲话,每天对着墙练习……其中有一个答案,令我印象深刻。

那是一个非常斯文的女同学,她不敢在人前奔跑,因为她觉得自己跑步的姿势不好看,像一只活蹦乱跳的青蛙。直到升高中那年,中考的体育项目就是跑步。她没有办法,站到起跑线前,呼气、吸气,紧张得手心开始冒汗。她几乎已经听到同学们的嘘声,他们一定会笑话她的。

口哨一响,她的紧张达到了极点,双腿一软,就倒在了地上。老师把她叫到一边:"你这个样子,怎么参加考试呢?"她只得硬着头皮,双眼紧闭,双手握拳,听到哨声就箭一般冲出去,把空气刺破,划出呼呼的风声。

她站在终点,小心翼翼地睁开眼睛,等待迎接嘲笑和奚落。出乎意料的是,没有一个人要笑话她,甚至,没有任何人留意她!困在心头许多年的枷锁,一下子就卸掉了。

"迈出那一步,没有那么容易,但或许,也没有那么难。"她在最后写道。

世界那么大,永远有人想要去看看,也永远有人不敢去看看。

或许,我们欠缺的,真的不是时间和钱,而仅仅是迈出第一步的勇气——推开门去,就是世界。

梦想,是坚定自己的信念,完成理想的欲望和永不放弃的坚持。

一事精致，便能动人

□李林泽

平常人们总想着技艺越多越好，会的越多越厉害，他们信奉"艺多不压身"，礼赞"十八般武艺，样样精通"，谁知到头来却落得个"样样涉足，个个平平"的结局，导致"艺多不养家"的尴尬后果。

很多人一生都只做一件小事。在平常人眼中简单的事情，他们日复一日地去做，最终变成了大师。著名画家雷杜德一生就是画花，尤其是玫瑰。任凭世界变换，他只管画他的玫瑰，整整20年，记录了170种玫瑰的姿容，成就了《玫瑰图谱》，这本图谱被誉为"最优雅的学术、最美丽的研究玫瑰的圣经"，他本人被称作"花卉画中的拉斐尔""玫瑰绘画之父"。在此后的180年里，这本图谱以多种语言出版了200多种版本，几乎每年都有新的版本降临人世……雷杜德，他只做了一件事——画玫瑰。他的玫瑰成了巅峰，无人逾越。

世界闻名的数学大师陈省身，他的信条是"一生只做一件事"。他经常说，自己只会做一件事，那就是研究数学。他爱数学，有一个很简单的原因是数学简单，只要一张白纸和一支铅笔就行。他说他不喜欢复杂的人际关系，也不会处理这些关系。面对一道道数学题，面对白纸和黑板，他如老僧入定一样，把尘嚣摒绝于外。于是，他将生命的能量发挥到了极致。杨振宁说："陈省身是可以与阿基米德、高斯和嘉当并列的数学伟人。"一生只做一件事，做好一件事，多么好，多么值得。如此专一，如此恒久，如此完满。

凡·高以一幅《向日葵》闻名于世，雨果以他的《悲惨世界》屹立于世界文坛，张择端以他的《清明上河图》压倒全宋，人生不需很多，只要一点足矣。在当下这样的时代和氛围里，格外怀念一种纯粹：自知，自制，心无旁骛，一生只挖一口井，直到清泉涌出，源源不断。

目标的实现建立在"我要成功"的强烈愿望上。

多说"鲜花句"

□[美]苏·帕顿·托埃尔 译/佚 名

我们的头脑好比一座花园,我们的思想好比许许多多的种子,既可以收获鲜花,也可以收获杂草。如果我们的种子句是自我肯定和积极的,我们自然会自信、富有创造力,对生活充满热情。我称这些种子句为"鲜花句"。如果种子句具有贬损性质,我们在情感上就更容易受到伤害,变得自卑,发现很难做自己。这些绝对是"杂草句"。

鲜花种子句的一些例子如下:"我是个有价值的人""我可以××""我为自己感到骄傲"。如果这样的种子句在你的潜意识里开花结果,你可能会拥有美好的生活,对未来充满希望。当你早晨起来照镜子时,你会对镜中的形象感到满意。

杂草句则像这样:"我什么事都做不好""我不值得被爱""每个人都比我更会处理事情"。常常使用杂草句无疑意味着你对自己感到失望。当人们试着爱你时,你会质疑他们的动机:"他们怎么会爱我?他们一定不太聪明……"

我们是如何得到这些思想的种子的呢?大人们总是在孩子耳边说出一些无心之语,类似"你可真是成事不足,败事有余"。在孩子们还没有形成成熟的价值评判体系,还不会辨别真伪的时候,他们容易当真……很多人往往长大后才能明白:我们可以听别人的话,但一定要走自己的路。

我们可以定期将获得的种子句整理一下,帮助我们清除潜意识里的杂草句。如果你打理过花园,就会知道杂草长得有多快。消极的想法也是如此,它们往往会滋生蔓延,占据主导地位。因此,我们应该每天都为自己的花园除草,专注于积极、乐观和善良的思想,让自己的头脑和心灵中开满美丽而芬芳的花朵。

那些能让你真正成长的事,都不会让你太舒服,坚持才是最酷的。

三天只做一秒

□ 张君燕

《冰川时代》是一部2002年由蓝天动画工作室制作的完全数字化的动画电影，它不仅成为史上最长寿的系列动画电影，也是系列动画的票房之冠。

看过电影后，很多人都为电影中动物惟妙惟肖的表情和灵活自如的动作所惊叹，被丰富多样的色彩和色彩间自然的衔接折服。"画面真的太美了！尤其是闪电的效果，堪称完美。你们是怎么做到的呀？"记者在采访参与《冰川时代》制作的动画大师埃里克时问道。埃里克笑了笑，反问道："你猜一下，闪电出现的这一秒需要制作多长时间？""一个小时？或者半天？"记者默默计算了半天回答。埃里克摇摇头，认真地说："三天。一般情况下，观众在大银幕上看到的一秒钟的画面，动画师们平均要两三天才能做完。而在这部电影中，仅仅是闪电的一道光，我们就做了两个月！当然动画师不止一人，大家同时做，每人每天完成零点几秒。"

一部动画电影约90分钟，即5400秒！这么算下来，一部影片要做多久才能做完？难怪蓝天动画工作室都是每一两年才出一部动画片。埃里克介绍说："片子里，一个角色回头，动作时长16秒。有很多种回头的方式，可以直接回头，可以转一下再回头，也可以先低头再回头等；一只做瑜伽的美洲驼，有几个瑜伽姿势，每个姿势出现都不到一秒，但在这不到一秒之内，动作的转换又要很有趣；根据光线的不同，同一只动物，皮毛颜色一样，但深浅又不同，有的有阴影，有的比自然色更亮。还有很多类似的细节，都要花费时间去琢磨，去研究。"

"动画不只是让东西动起来，还要通过动作，赋予角色个性和风格，让它们有灵魂。"埃里克笑着说。是的，技术固然重要，但技术背后，永远少不了的是"三天只做一秒"的那份认真、诚意与热爱。

每天只看目标，别总想着会遇到什么障碍。

一万小时定律

□兔子先森

小鱼获了奖的手绘板图被她的朋友发到了朋友圈,下面的留言是清一色的"没想到啊""天哪,真人不露相啊"。

她当着我的面掏出手机看着朋友圈的那些评论,眉间却慢慢蹙了起来。她抬头对着我长叹一口气:"你知道吗?我不喜欢他们这样的夸奖。他们这样的口吻让我觉得自己的一切都是因为天赋,而不是我的努力。"

我愣了。

"安澜,她和我一起学的画画!当时老师每一堂课都夸她,说她有灵气,上学的时候她一直都是学校黑板报的专职画手。可是她说,我能到现在这样是因为我在这方面有天赋,真好,可惜她没有。"

"你知道我学习画画有多久吗?七年,七年才到现在这个水平。别人一年能做到的,我用了三年;别人三年能做到的,我用了七年。平均每天画两个小时。到现在也不过是这个水平。可是她现在和我说天赋?"

她当着我的面拼命睁大眼睛,眼眶却慢慢红了起来,握着手机的手微微颤抖。

原来,上初中时,每一次学校出黑板报,她都是给那个女生打下手,画画简单的花边做装饰。

我突然就明白了那种心情,那种一直仰望着对方,好不容易追上了,却被对方一句轻飘飘的"你有天赋"打断的心情。

小鱼突然问我一句:"你有没有听说过一万小时定律?我想至少坚持一万个小时。"

你有没有听过一万小时定律?我突然就笑了。

我是什么时候也听过这句话的呢?

高三的时候我们班转来一个借读生,她的到来让即使高考迫在眉睫整日惶惶不安的我们还是产生了一阵骚动。听说是艺术生,练舞蹈的,美好得就像是金庸笔下的王语嫣,气质清然。

班主任安排她和我一个寝室,顺带让我们做了同桌。那时候,班里的同学都认为她能在高考前的几个月来尖子班当插班生,靠的是家里的人脉,都对她爱搭不理,但她丝毫没有介意。

每天早上4点半,都能看到她站在书桌前,右脚站立,把左脚架在旁边极高的窗栏上,手里拿着一本历史书在默背,还时不时地将上半身侧压在左腿上。

还没高考她就走了,听说是舞蹈比赛得了奖被保送进了她一直心心念念的学校。老师说这个消息的时候,班上一片唏嘘声。我侧头看窗外,脑海里浮现的却是她每天凌晨4点半映在墙上的压着腿看书的影子。

"你知道吗?一万个小时是成功的最低限,我还差得远呢。"她这样对我说,眉眼弯弯,巧笑嫣然。

不管你做什么,只要坚持一万个小时,基本上就可以成为这个领域的专家。

如果,你有一件很喜欢也很想做的事,你能不能不要只是说说而已。你敢不敢坚持一万个小时?你敢不敢把一万个小时让出来让自己实现梦想?你是否做得到?其实你只是不敢去做而已。

这世界上哪有什么天才,天才都是后天训练出来的,一万个小时是最低界限。

我在心里默默地帮小鱼算了一下,她离一万个小时还需要一个七年。

七年,人体细胞在不断地新陈代谢,全身的细胞都替换一遍需要七年。那个时候是一副全新的身体,也就成了另外一个你。她花了七年的时间变成了现在的她,再过七年又会成为一个更好的她。

不要感叹人生苦短,拾起梦想的种子,用一生的时间去播种,在最后一刻去收获。你会发现,你的一生,其实很精彩、很充实!

一株野蛮生长的早稻

□子鱼非鱼

有这样一位漫画"大师",她的画风野蛮又狂野,她经常用一个不修边幅、胡子拉碴的小人儿代表自己,被很多人误以为她是位古怪的长满胡子的大叔。其实她是一位长相甜美的"90后"——她是漫画家早稻,像她的名字一样,她不喜欢顺应季节,她喜欢规避一切世俗,只在生命里放肆野蛮地生长。

她出生于广东一个贫穷的小山村,从小就喜欢听老人讲除妖济世的神怪传说;母亲时常从城里带回武侠书,她很是喜欢。因为贫穷,小时候的她脏兮兮的,还喜欢在草地上打滚,小朋友、老师都不喜欢她,没有人愿意和她做朋友。她本身就对枯燥的学校教育不感兴趣,所以经常逃课。

后来她喜欢上画画,只有画画,能让她的内心安静。她的第一幅水墨画,是在课堂上偷偷画的杜牧的《山行》。家里穷,买不起纸笔,她就在地上画。没颜料,她就用五颜六色的花和石头磨成的粉自制,甚至用栀子花种泡出的水。

她没有专业的老师教,也不懂专业的拿笔手法。她就是不拘小节,她身上的这股灵气也顺着画笔入了画中。不管酷暑寒冬,每天下午5点钟,她都会坐在教室角落默默作画,其他教室的灯都关了,只有她班上的灯还亮着。上课也偷偷画,画得如痴如醉,连老师站在跟前,也浑然不知,那时的画稿厚厚的,一摞摞堆着。

家里一直很穷,很多人笑话她,不好好学习,却每天乱涂乱画。但她的母亲一直支持她,并告诉她,想要的就自己去追求,只要不做亏心事、不饿肚子就可以。后来她考取了艺术院校,但不自由的时光令她感到压抑,她找不到适合自己的绘画导师,只能继续苦苦地独自摸索。

一画就是十几年，在她的小屋里，有无数画秃的毛笔、废掉的画稿、用到穿底的调色盒，调色板已经被她用到看不出原来的颜色。而她笔下的人物却灵动又野性十足，似野兽般不羁，狂野而又独具一格。每个人都说她的画风够野，她还被当地人称作天才。只有她自己清楚，她是一个再普通不过的女生，她付出了多少倍的努力才完成了一幅幅完美的画作。

早稻慢慢形成了自己的风格，也开始有了一些名气，各种出版约稿慢慢多了起来，换作一般画家，肯定是趁着高人气，提高自己的知名度。但她依旧洒脱，不想因利益而被人限制她的创作，她只想在年轻的时候纯粹因为喜欢去认真画一部好漫画。所以她推掉一切开始潜心画画，而此时搜遍全身加银行卡，她只剩76块钱。

这一等就是两年半，她出了自己的第一本画集《松风》。没有任何营销炒作，靠口碑和粉丝喜爱，瞬间在微博刷屏。画风苍劲有力，隐有古意，各色生灵跃然纸上。紧接着《野作》横空出世，家乡的记忆，童年的趣事，全都生动地跃然纸上。

此后为了让创作更具有灵魂，她还去了青海、西藏、云南、贵州等地拍摄取材。后来周星驰的《美人鱼》请她画海报，而《大圣归来》国际版也出自她之手。

取得如此成就的早稻，依旧天未亮便起来作画。法国安古兰漫画节上，几百本签绘，也丝毫不糊弄。平时除接的海报以外，早稻做得最多的仍是专心画自己的画。

虽然画画给她带来了很多快乐，但很多时候她也迷茫困顿。但她一直坚守自己选择的路，她知道要想到达山顶，不论中间的路有多难走，都要坚持走完。她做到了，也收获了自己想要的东西。

不受外界世俗的干扰，不在意环境的好坏，不在意物质的多少，她只想按着自己想要的去体会这个世界。她看似野蛮，但她又懂得坚持。她只是希望自己在所有的季节里做一株自在生长的早稻。

努力了的才叫梦想，不努力的就是空想。

逆风局也别投降，自信就是上分王

□茉莉胭脂

和同桌一起玩《王者荣耀》的日子，常常让我想起属于自己的高中时代，总结起来就是一句话：逆风局也别投降。

高中三年，我的长板和短板都很明显：语文、英语和文综，每一科都拿过学年第一；但与此同时，"吊车尾"的数学也让时不时就要提点我几分的老师苦不堪言。

在最艰难的时候，妈妈帮了我许多。所有练习册上的、试卷上的、上课讲过的习题，只要我做错了一次，就圈起题号交给她。她把题目抄下来，然后我再做一次。这方法很笨，但最有效。我以为老师讲完错误原因后，我就会记得正确思路。但重做一遍错题后，我才能真正检验思路是否卡壳，公式是否记熟。

这感觉如同玩游戏进入逆风局后，并不需要正面硬刚，而是谨慎清兵和消灭自家野区。在游戏里，这样谨慎的操作一方面可以帮助己方降低失败的风险，另一方面可以提升自己的经济实力。在现实的人生里，从错题里弥补现状也有类似的功效。当这道题再出一遍，因为重新体悟了一遍做法，我肯定不会再错。更重要的是，类似的习题再出现在眼前，用反复思考过的思路触类旁通，问题就足以迎刃而解。

深刻思考过一道错题，比盲目做一百道题更有用。这样简单的道理我直到高三才懂。因为"面子"，高中的前两年我都在胡乱刷题中度过。在旁人看来，短时间做完一本又一本练习册是很厉害的学霸行为，做手抄的错题还连连碰壁则显得有些笨拙。但如此在意旁人的目光，实际上是一种潜意识里的自卑。真正的自信，不是相信以自己现存的实力就足以做个学霸，而是坦然地下笨功夫，无畏于一时的笨拙，真诚相信努力能让未来开满花。

直到高三的最后，数学试卷上的最后一道小题都是我的梦魇。导数题，计算量大，难度也经常是最高。比起那可能得到的8分，我更在意那其余的142分。模拟考试时，每次做到最后一题我就胡乱跳过，直接回头检查。永远拿不到的那8分，对我而言愈加遥不可及，此后很久很久，我都不敢想能把它攻克。

自信不仅包括"相信自己未来会变强"，也包含"相信自己现在已经很强了"。在游戏里，相信自己已经很强就是知道实力已经赶上对手，需要一鼓作气正面推塔。在现实人生里，自知实力足够时，该攻克的难题也要正面迎战，绝不该隐藏锋芒。

要找准为150分冲刺的时机，它需要对自己实力的精准判断。几次模拟考试后，我默默计时完成最后一道题，发现自己可以在20分钟内攻克，并且基本不会失分。为这道题花去20分钟的时间也意味着检查前面的题的时间少了20分钟，因此直到我能保证前面的题基本不会出错，才敢为最后的难题冲刺。

高考的时候，数学常年上不了120分的我拿到了148分的好成绩。出分的时候，我很想穿越回去摸摸那个对着红笔批注满脸茫然的女孩的头。哪怕茫然，她也肯定自己的努力和付出；取得了阶段性的成功，她也为"还可以更好"这个信念坚持过。她有着长达两年半的逆风局，并且没有重开一局的机会。但逆风局最后变成了她的决胜局。虽然不是全场MVP（最优秀选手），但已经是她自己的超神。

是对自己的付出自信和对自己的实力自信，让高考数学的战场变成胜利的颁奖台，也给了如今这个玩游戏的我很多怀念和很多动力。

从游戏里的王者，到现实中的荣耀，我都想请你相信，自信是从逆境到顺境的最佳动力。该出击啦，少年！

人的潜力是无限的，只有努力过后，才能真正发觉自己的实力。因为树的倾向是由风来决定的，而人的方向是由自己决定的。

每一刹那都是人生的机会

□林清玄

有一位女大学生,非常向往记者的工作,于是报考了新闻机构。她被录取了,但是由于没有记者的空缺,主管叫她暂时做一些为同事泡茶的工作。一个满怀梦想的大学生,只为大家泡茶,心里非常失望。

不过,她还是安慰自己:"不用急,将来一定有机会的!"于是她坦然地去上班,每天为同事泡茶、倒茶。3个月过去,她开始沉不住气了,心里总是抱怨:"我好歹也是大学毕业的呀!却天天来给你们泡茶。"泡出来的茶也一天不如一天。

又过了一段时间,有一天她泡好茶端给经理喝,经理喝了一口就大骂起来:"这茶难喝得要命,亏你还是大学毕业的呢!连泡杯茶都不会!"

她几乎要哭出来,正准备当场辞职时,突然来了重要的访客,必须好好招待,她只好收拾起不满与委屈,想着反正要离开了,好好地泡一壶茶吧!于是她认真泡了一壶茶端进办公室,当她来收茶具的时候,听到客人一声由衷的赞叹:"哇!这茶泡得真好!"别的同事(包括骂她的经理)也都端起茶来喝,纷纷情不自禁地赞美:"这壶茶真的特别好喝!"

就在那一刻,她呆住了,小小一杯茶,竟然有这么大的差异,被上司斥骂和大家赞不绝口的茶,出自同一人之手,只不过泡茶时的心境不同罢了。

从此,她不但对水温、茶叶、茶量都悉心琢磨,就连同事的喜好、心情也细心体会,甚至连自己泡茶时的心情状态会带来的结果也了如指掌。很快,她成为公司的灵魂人物。不久,她被升为经理,因为老板心里想:"泡茶时这么细心专心的人,一定是很精明难得的人才。"

我们遇到人生的转折时,若能无心于成败,专注地投入每一刹那,每一刹那都是人生的机会。

熬得过山重水复,岁月自会赠你柳暗花明。

第二辑

坚守梦想，人生想赢就要拼

你的努力有一斤还是八两

□夏苏末

我身边就有个正能量女神Canny（坎尼）。Canny是传说中的"别人家的孩子"，一路跟着精英玩。

有一天，她告诉我："曾经我最胖时有120斤，不过一年以后再也没高过92斤。"她居然告诉我，减肥的终极目的是省钱。

Canny严肃地说："身材不好的人选择衣服的余地很小，只能买连衣裙。但是，低档的连衣裙很容易走形，也容易撞衫。高档的连衣裙则太贵，而且损耗率太高，算来算去，最省钱的办法就是把体重减到46公斤以下，塑造出比较坚实的曲线，等到打折季，抱上一堆十几二十几元的贴身莫代尔连衣裙，简直不要太爽。"

Canny看了看我，然后像往常一样笑歪了嘴角，向我发出邀请："跟我一起健身怎样？"

在我欣然应邀跟着Canny去健身的时候，我笑不出来了。

每天下午，她娴熟地在跑步机上热身，然后打拳击，举哑铃，一步一步有条不紊。

我在打了半场拳击退下来休息时，一边喝水一边跟她闲聊："你说我身材练到360度无死角了，是不是也可以当教练了？"

"你啊，当然不能。"Canny看都没看我一眼说。

"为什么？"我很诧异。

她坐到我身边，一边喝水一边说："高中的时候我是个小胖妹，高考以后我有了健身意识，周围的女生都在关注八卦，而我在研究饮食健康和运动成效。她们逛街消遣的时候，我在跑步机上慢跑、骑动感单车，后来我请了私教，跟着教练做体能测试，身体韧性、手指握力、弹跳力、平衡能力……

各种数据都很差。你羡慕我腰细臀翘手臂纤细，可是这一切是怎么得来的，你不清楚。我即使加班到很晚也不敢间断运动，从徒手深蹲到负重30斤，我挑战了这么多极限。当然，大汗淋漓也让皮肤的状态好到不需要做保养。我就是这么走在健身路上，一步一个脚印地走了7年。"

我瞪大眼睛看着Canny，她真是个漂亮的姑娘，眉峰微抬，眸子乌黑，穿着宝蓝色运动装，一身奶油白的肌肤仿佛随时会融化似的。原来，看似可笑的理由也是需要付出百分百努力的。

我承认，我被打败了，因为我没想到Canny竟如此"鸡血"励志。

她拥有开连锁餐厅的家境，从小享受着优质教育资源，独立又努力。

我想，我明白了Canny的意思。做事要发自内心地热爱并为之努力。

我突然想起自己初出校门的那一年。我以为凭借在杂志上发表的几篇文字便拥有了专职写字的资本，事实上，贫困潦倒困扰了我很长一段时间。迷茫和烦躁如影随形，我只能努力让自己忙起来，不停地阅读，有灵感了就提笔，常常写到深夜倒头就睡，才能忽略见缝插针的挫败感和无助。

如今，我终于得偿所愿，至少能以文字换得温饱。

生活从来都不是励志剧，做任何事情都是一样，没有足够的用力，即使努力到八分，你也真的撑不下来。

世界那么大，我们和身边的人都在为工作、为美丽、为情爱、为了当下的自己，努力作为。它不顶饿，不解渴，甚至还不能获得他人的赞许，却让人甘之如饴。因为热爱，才会不计较付出全部力气。

我不崇拜魔鬼身材，也没有男神可迷恋，可是我愿意继续努力，为了遇见更好的自己。

凡有等待就有启程 不要沮丧，不必惊慌，做努力爬的蜗牛或坚持飞的笨鸟，坚持着，总有一天，你会站在最亮的地方，活成自己曾经渴望的模样。

如果你躺在那里，是不会有人把世界给你的

□王逅逅

1号大学同学，家里有钱，长得漂亮，谈吐文雅，是哪里都挑不出毛病的那种女孩子。她住在一间非常普通的公寓里，除了做日常的工作，闲暇时还会做一些兼职挣外快。她轻快而明媚地描述自己繁忙的生活："啊！你知道的，只要能多赚一点儿钱，我都会愿意去做的！"

2号大学同学也是一个富家女，最近订婚了。她和男朋友商量迟两年再结婚，因为他们想要用自己赚的钱办一场盛大的婚礼。

3号大学同学，从小家境优渥，家教严格。她的男朋友最近提出想去迪拜一同度假，住最好的酒店，他出钱。女生当场就拒绝了。她跟男朋友说："我们可以一同度假，但是我希望你选择我现在可以付得起一半钱的经济型酒店，去我们可以共同消费的餐馆，因为只有这样，我们才是在建立共同的体验。"

有些人可能会觉得这些观念很匪夷所思——放着父母的钱、男朋友的钱不用，为什么一定要过得这么"辛苦"？

人生中别人能告诉你的最大谎言，就是有捷径可走。就像是没有社会经历的人来到大城市，特别容易被骗钱。每日在家的老人，也容易上当买乱七八糟的理财与保险。而明眼人看到"今天投资一万，明日回报一百万"的宣传语，不仅不会被吸引，还会立即走开。

高等教育的意义就是告诉人们，捷径就是一个骗局。对于我的这些大学同学而言，正是因为她们受过教育，才知道人生没有捷径，也能够拒绝捷径，并且正视自己的美貌、地位和父母的财富，可以懂得别人的永远是别人的，去学习，去内化，去主动获得的才是自己的。

如果你躺在那里，是不会有人把世界给你的。

> 凡有等待就有启程
>
> 乘风破浪潮头立，扬帆远航正当时。

穷游女孩

□孙建勇

邓深从小非常温顺，学习成绩名列前茅。高中毕业后，她以优异成绩考入四川大学建筑学专业。在大学，她突然发现，从小学到高中她都在父母要求下，一切以升学考试为中心，整天埋头于繁重学业，就像被囚禁的鸟儿：拥有了金丝笼，却失去了整片天空。邓深决定展翅翱翔，去看一看外面的精彩世界。这一想法得到了父母的支持，当年暑假，邓深就只身去云南完成了一次快乐的旅行。

美丽的山水风光，迷人的物产人情，令从未出过远门的邓深无比沉醉。从此，她一发而不可收，大学四年把全国的省市走了个遍。

有一天，邓深有了新的渴望。机会出现在20岁那年，邓深有幸被派到德国学习。踏出国门，邓深无比兴奋，畅游世界的梦想触手可及。

在接下来的岁月里，邓深不放过每一个假期，以德国为据点，先后游历了欧洲、中东；22岁起游历了非洲、南亚。24岁那年，她到秘鲁攻读环境科学硕士，又以秘鲁为大本营，游历了一个又一个拉美国家。从18岁到27岁，邓深先后游历了90多个国家和地区。

每一次穷游绝不是漫无目的的"梦游"，更不是心血来潮的"窘游"，不是为了追赶时髦，也不是为了消磨时光，她是要让自己的生命在旅途中绽放出美丽的花朵。9年穷游，邓深收获丰硕：学会了14种外语，见识了各色各样的人，领略了千姿百态的风土人情，也品尝了奇奇怪怪的食物……她参与过死海和西亚湿地的保护工作，还曾作为海洋动物志愿者，照顾过受伤的小海狮。正如邓深所说："旅行给了我开阔的视野，让我变得独立、有主见，让我不断地找到前进的方向！"

> 凡有等待就有启程
>
> 没有谁天生倔强，只是为了梦想，寸步不让。

被蝴蝶勾上高山的男孩

□吴呈杰

我时常想起4年前那个冬日的下午。我坐在物理竞赛的考场上，面对一纸的公式和模型深感绝望。那时我上高三，在全校被寄予厚望的理科重点班，成绩在班里数一数二，参加竞赛是我作为优等生的义务。那是我第一回想要反抗：把试卷翻到背面，"唰唰唰"地写起了小说，起名为《北京以北》。故事在我脑子里沉淀了有一段时间，那是一个出生于江南的少年的故事，他偶然发现自己是京城旗人后裔，于是北上探寻关于祖辈的谎言和真相。

小说被我顺手投去了"新概念作文大赛"，意外入选，然后我去上海参加复赛，拿了一等奖。出版商找上门来，说能把我包装成畅销书作家，我拒绝了——事实上，那篇《北京以北》写完后，我再也没有勇气读它。

它是一个前17年都在贫瘠和庸常中度过的男孩的幻想产物，而我怎么有资格和那些光彩夺目的作家共享"作家"这一称号？我继续顺着"品学兼优尖子生"的路子撒腿狂奔，仅仅把那个冬天视为正确路径以外一次还有点儿意思的变轨。高考我发挥得不错，成为当年的江苏省理科状元，有些媒体来采访我，问我准备填报什么专业，我想更贴合这个热气腾腾的时代，又想继续写东西，于是回答："新闻吧。"

不幸，我再次当了逃兵。我有什么能力写作？这个疑问又从我的脑袋里钻了出来。有记者劝我，学新闻累；有长辈说，学金融稳当。于是我报了全国录取分数最高的商学院。

我在商学院过得并不开心，像念理科的高中三年，被箍在了一个"没天赋、没兴趣，但结果还可以"的魔咒里。命运奇诡无常，我上大二时到《人物》杂志社实习，如同坠入爱河，从资料整理做起，做周边采访、写新媒体稿、写短报道，再到独立做长报道，兜兜转转，命运又把我推回写作的路上。我在写作方面的进步肉眼可见，但对自己"何以写作"的困惑一直都在。

我为《人物》杂志撰写了关于作家双雪涛的报道。双雪涛是当下中国文坛备受瞩目的新星，他的代表作《平原上的摩西》也是2016年我读完的唯一的国内小说。和双雪涛的4次见面极其愉快，我捕捉到彼此的频率后，意外发现，他拥有和我相似的履历：中规中矩的好学生，上大学时读了父母倾心的法学专业，他的第一本小说（同样能被归入幻想文学的范畴）则是在乏味的做银行职员的岁月里写出来的。

我问了他"何以写作"的问题，他歪着头想了一会儿，向我讲述了写处女作时震颤而又迷人的感受："我常在深夜里战栗，因为自己的想象和自己超越自己的想象，自己给自己的意外。现在回想起来，那真是一个令人怀念的夜晚，一切存在未知，只有自己和自己的故事。"

这是创作的巨大乐趣，而我一直在用近乎刻意的躲闪来回避它。这和你的天资无关，和你的年纪无关，和你的成长轨迹也无关，仅仅是写，持续写，一直写。我们常常以为创作是"有故事的人"的特权，其实不然，它是对每个普通人的尊严和生命的礼遇。

最近，我在阅读挪威作家克瑙斯高的《我的奋斗》，他受困于"编故事"能力的丧失，决心用普鲁斯特式的自传体记录过往的每一个时刻：为孩子换纸尿裤这场无法与之对抗的战争，像爆裂的一根水管的父亲的死亡⋯⋯这些时刻在他的叙述下，笼罩着淡淡的光晕，就像克瑙斯高所说的那样："时光如同来自四面的、节奏均匀的微波，将生活恒定不变地托升起来。除其中所含的细节以外，一切总是千篇一律。"

我无法确认自己何时才有在笔端召唤记忆的勇气，但可以肯定的是，我会成为一名忠于自我、忠于内心的写作者。如同双雪涛喜欢的斯坦贝克的那句比喻："作家最好的状态是追逐蝴蝶的男孩，被蝴蝶勾引上了高山。"

从少年时代的余烬中走出，上山的路大概有一生那么漫长。但这不重要，重要的是我们在顶点见。

凡有等待 就有启程　　梦想终将照进现实，只因奋斗从未停歇，追梦永不止步。

一句话，足以熬垮你的行动力

□韩大爷的杂货铺

1

几天前与朋友聊天，问他在干什么。他回复说自己正在为一个策划案焦头烂额。

我一听立马会意，赶忙跟他说"你先弄，有时间再聊"。

他却继续对我说："我怎么这么倒霉呢，摊上这么个突发情况。我没做过，老板又不教我，还要得这么急，我这拖了三天了。"

我有点好奇，朋友并不是懒惰的人，怎么任务在那里摆着愣是不做呢？

朋友坦言道："就是总觉着还没准备好，总担心差点儿什么。"

这话让我恍惚想起自己的一段经历，便认真劝他说："赶紧做，现在就做，别要求自己做得好，先保证自己做得完。这方面我了解，策划案一般都是要改三遍的，第一稿有个大概就行了。"

朋友听后大喜过望，当晚就通宵达旦完成了初稿，并在第二天按时提交给了领导，老板还在例会上夸了他的策划案。

朋友说我帮了大忙，我憋不住乐，我其实没有帮到他什么，只是用另一种方式，帮他把心里的那句"我感觉我还没准备好"给抹掉了。

2

"我感觉我还没准备好"，这句话可以说是很多拖延症患者的心魔。

去年年底，我将一本书稿交给出版社，对方对内容很满意，想让我为新书写一篇序。

我心想序这东西要放在卷首，我从格式与方法及注意事项开始，到研读一些好书的序言内容，看人家都是怎么写的。结果是越研究心越怯，对自己的要求也随之提高，等对方过来询问时，我猛然发现，小半年过去了……我一咬牙一跺脚，下了狠心要求自己即刻动笔，一天之内必须完成。

别说，人还真是被逼出来的，不写的时候觉得处处是坎，哪哪不妥，这一真刀真枪动起笔来，虽然偶尔也会磕磕绊绊，但明显更有针对性。不消一个下午，初稿顺利完成，可笑的是学的那些方法几乎没怎么用上。

对方发来信息夸赞："好，写得真好，果然是慢工出细活！"

我盯着手机发愣，哭笑不得。

3

曾听一位很幽默的老师聊起人的思维习惯。他说："人可以分两种，一种人的口头禅是'时机尚不成熟，等我如何如何，我再干点儿什么'，而另一种的宗旨是先把坑占上，先上车，然后缺啥补啥，与前者相比，思路是倒过来的：我先干起来，然后看我需要如何如何。"

表面上看，第一种人的想法比较稳妥，但一上手就发现，准备？你是怎么也准备不完的。

第二种人也不是无头无脑地乱撞，他们也给自己摸索的机会，在路上的前几米，其实就是他们的准备工作。

记得有一次放假回家，母亲正要下厨。我拦下说："今天我做顿饭给您吃。"三下五除二，几盘菜上桌。

母亲又喜又惊："你什么时候学会的做饭？"

我自己也琢磨了下，确实记不清了。

母亲再问："有人教你吗？"

我连连摇头。

她便更纳闷，我也一时说不出个所以然。

吃了一会儿，我猛然想起点儿什么，继而哈哈大笑，兴致勃勃地跟母亲讲起："有天晚上，你和父亲出门，我自己在家，后半夜饿醒了……"

> 凡有等待 就有启程
>
> 纵使前路布满荆棘，努力过的日子，终会在这个盛夏开满繁花。

世上没有无用之事

□王国梁

学生时代，我是个认真刻苦的好学生。每次考试前，我都会一头扎入题海，拼命学习。一摞摞的复习资料，全都被我翻得起了毛边，每本书上都密密麻麻写满了各种各样的解题思路和方法技巧。一个个深夜，我不知疲倦地挑灯夜战，有时累得瘫倒在一堆资料中睡着了。

终于到了考场上，我胸有成竹。可当我看到试卷的那一刻，总有种想哭一场的感觉。不是试卷上的题我都没做过；相反，那些题我都很熟悉，也很有把握。只是除了这些试题，我还多做了无数倍的试题，如果说我做过的题多如牛毛，考到的这些题只是九牛一毛。这样说一点儿不夸张，我觉得自己像个拙劣的捕鱼者，游遍了汪洋大海，只为捕到可怜的几尾鱼虾。

这种巨大的不平衡，经常让我在考场上心生酸涩，觉得自己做了太多无用功。做了这么多，有用的那么少，走过了千山万水，只是为了抵达一个并不遥远、并不美丽的彼岸，这种感觉让我心中腾起一种虚无感，好像自己成了被试题摆布的木偶。

后来我渐渐懂得，考试只是一种形式，为的是让学生掌握更多的知识。我们在复习中巩固知识，锻炼思维，增长能力，考试只是检验效果如何，并不是最终目的。这样说来，我考试前做了那么多功课并非无用，而是非常有必要、有价值的。一分耕耘，一分收获，我的知识掌握得系统而牢固，我做的每一道题都有用。

其实，世上本没有无用的事，你做的任何事都会像一道道印记一样，铭刻在生命的年轮上。我常听周围的人说，上了那么多年学，读了那么多书，有什么用呢？工作中真正能用到的知识，可能连1%都不到，十年寒窗，做了许多无用功！可是，你做的这些真的是无用功吗？不是的，学习的过程本身就是成长的历程。我们通过学习，拓展了知识面，开阔了眼界，增强了各方面能力。学习的过程，也是我们体验各种滋味的过程，成功与失败，荣耀与挫折，巅峰与低谷，种种人生况味我们早早在学生时代体验了一番。学习过程中，克服难关、冲破阻碍、战胜对手，让我们体验到欢乐和失落的滋味，所有的经历都会转化为人生的财富。

工作中，也经常有人抱怨，每天做了多少无用的事。很多人都说，工作中正儿八经的事少之又少，总有那么多冗繁的工作是可以不做的，却不得不硬着头皮做，或者，做了却没什么收获。可是，即使再小的事，又怎么会是无用的呢？小事是为大事做铺垫，也是为你的进步做铺垫。即使人人都抱怨的无聊会议、各种资料的整理，也是工作的一部分，没有这些，工作就会陷入无序状态。有人喜欢下结论，说今天只做了一件有用的事。但你有没有想过，无用的事是为有用的事做准备，而且认真做无用的事，也能够培养耐性、磨炼品质、提高应对各种情况的能力，对我们每个人都是一种提升。

这样说来，只要你做的这件事是正面的、积极的，你做的每件事都有用。你之所以觉得无用，是因为你用太功利的眼光去看它。这件事可能没有立竿见影的效果，也不会直接给你带来好处，所以你才觉得做得冤。抛却功利的眼光，可以说世上没有无用的事。

有句话说得好，你的气质里藏着你读过的书。我们可以套用一下说，你的生命里藏着你做过的事。

凡有等待就有启程

梦想是很多很多座山，过了这一座还有那一座，真是"正入万山圈子里，一山放过一山拦"。但是，我们没有放弃，我们深信在山的那边，是海，是广阔无边的海。

愿你敢放手一搏，纵无所得

□曲玮玮

中学时，常有人叫我"学霸"。

其实，我只是成绩不错，最后考进了复旦大学——但我真不是学霸。

这并不是说我完全靠运气蒙混过关，我也努力奋斗过。每次临近考试，晚上一定猛灌几杯咖啡，看书看到凌晨3点。

但跟真正的学霸相比，我少了孤注一掷的底气。他们可以从高一开始规划3年的学习生活，从此目不窥园；他们敢放弃一所重点高校，花一年时间复读，决心考进北大；他们能心无杂念地把精力放在一件事上，而且这件事要等几年才能有结果。

而我呢？我忙于给自己开脱——高考结果是由各种因素共同决定的，甚至从天而降的一场小感冒就能毁掉3年的努力，成为人生的"癌症"；多学一个知识点也没什么用，毕竟距离3年后的那场考试还有时间。所以啊，还不如洒脱点儿，白日放歌须纵酒。

我也知道"天道酬勤"的道理，可偏偏做不到。因为我总觉得离目标太远了，似乎所有的努力都虚无缥缈。

大多数人浮躁而缺乏底气，生活里太多事的反馈周期太长，我们偏好反馈周期短的事：磨好一把利剑，我们希望马上能手握它去战场冲锋陷阵；我们朝山谷喊话，希望马上能听到回音；我们希望学过的技巧3天后就能派上用场，希望今天背诵的重点明天就能考到。即使有人耳提面命地告诉你"读书很重要""学英语、锻炼口才、做好演示文稿、健身很重要"，你懂得一切道理，却迟迟没有行动。你读一本书，书的内容与气脉需要漫长的时间成为你的血肉；你坚持去健身房锻炼，坚持早上练英语听力，取得的进步也难以即刻检验。

我曾在一场演讲中分享过自己的"励志故事"，一个月平均每天只睡5个小时，最后以复旦大学在山东省自主招生笔试第二名的成绩被录取。

　　其实，相比3年寒窗苦读，突击一个月并不难，当目标近在眼前，我们当然愿意咬牙为之冲刺。与其航行在浩瀚的大海上，我们更愿意做那块投进湖中就闻得"扑通"一声的小石头。

　　我很钦佩那些专注做一件事的人。有人愿意为了写一篇不一定会刊发的报道，调查奔波8个月；有人愿意为了写一本可能会失败的长篇小说蛰伏一年；有些科研人员甚至能为了一个科研项目贡献漫长的一生……想必他们是寂寞的，像看不见海岸的水手、望不见火光的飞蛾、奔向无边天涯的侠客。他们不需要清晰可见的成就来支撑自我，甚至找不到世俗的标尺去衡量自己的人生进度。他们是真勇士，拿最宝贵的时间跟命运赌博。

　　我想，当有一天，你不仅愿意奔赴近在咫尺的成功，也愿意跋山涉水，尝试去面对远方那些始料未及的失败，那么你听过的道理就能支撑你过好一生了吧。

凡有等待就有启程

　　每个人都有自己的梦想，而每个人的梦想与现实的距离，究竟有多远，各不相同。但有一点是共同的。那就是，不甘于现实中的处境，不甘于生活中的无助，希望借助梦想摆脱自己无奈的困境，幻想自己能够拥有美好而又前途光明的未来，不愿屈就在现实中迷惘和落寞。

十年之后的电话

□[澳大利亚] 达仁·鲍克 译/夏殷棕

安德烈·英格拉姆从美国的一所普通大学毕业后，这位篮球后卫极想进入NBA（美国男子职业篮球联赛），以施展自己的才华而实现自己的梦想。可惜，NBA里人才济济，想进入NBA的人更是不可胜数，他被拒于NBA大门外并不意外。于是安德烈像许多其他球员一样，加入G联盟，即"发展联盟"，希望能在里面提高球技。

十年过去了，这是追梦的十年，满怀希冀的十年，苦练的十年，也是为了生活而挣扎的十年，更是坚定信念"功夫不负有心人"的十年。今天的安德烈，一头标志性的胡椒色头发，看上去更像一位助理教练，而不是NBA新秀。32岁的安德烈，终于接到湖人队的电话。他在NBA赛场上的首次露面，即以头场独得19分的战绩，吸引全世界的眼球。我觉得倒不是他的得分留给人们深刻的印象，而是他伏枥整整十年的等待，为了那一飞冲天的艰辛准备。

也许我们每个人都有自己的梦想，也许我们每个人都不知道自己需要等待多久才能梦想成真，但有一些东西我们清楚得很，我们走在追梦的路上，绝不能放弃，要时刻为那一天付出汗水，等待了十年的电话，一个无准备的人不可能接到！

> 凡有等待就有启程
>
> 人人都有理想。短的叫念头，长的叫志向，坏的叫野心，好的叫愿望。只要不甘于现实的平庸，努力奋斗，便会改变人生的方向！

你能抵达的，比想象更远

□甘　北

　　你不到江南，江南就只是诗里的一句"有三秋桂子，十里荷花"；你不到大漠，大漠就只剩一轮滚圆的落日，遥映着一柱孤烟。

　　一位驴友告诉我，如果不是亲眼见证，她实在不敢相信世上有那样的奇观：火烈鸟在繁殖的季节，成群地飞往湖边，身影倒映在湖面，像湖底燃起了团团烈火。遥远的南美洲，还有一座通体用盐建造的酒店，入住的用户会被提醒"不许舔墙"。她说，读了许多游记，直到那一刻，才真正感受到什么是美，什么是震撼。

　　上星期参加一个行业的交流会，有位广告公司的老总就在感慨：她从国企辞职的时候，亲戚朋友轮流劝了个遍，连劝词都是一样的，女孩子嘛，还是安稳一点儿好；等她做了广告公司总监，准备跳出来单干时，所有人又来劝她，安心拿工资就好，为何自己出来承担风险；今天，她的公司做得风生水起，准备拓展其他领域的业务，那些劝诫的声音，又一次席卷而来……

　　平凡如你我，要改变总是困难重重，因为大家难以想象，幸运会眷顾一个平凡人。哪怕香奈儿女士在打造她的时尚帝国前，也只是孤儿院里走出来的一位小裁缝；哪怕J.K.罗琳在写下风靡全球的《哈利·波特》时，也不过是众多平凡的母亲中的一员。

　　没有人注定光芒万丈，就像没有人注定默默无闻一样。

　　直到今天，刚提到的那位驴友也无法确定，自己的决定是否正确，但她能肯定的是，她看到的火烈鸟是真的，盐砖酒店也是真的，美是真的，震撼也是真的。

　　如果没有买下第一张飞机票，或许，她一生都只能在书中看别人的故事，感叹别人看到的风景。

凡有等待就有启程　怀揣着希望努力，人生总有无限可能。

一张废纸片成就的文学大师

□鲁先圣

这是一个阳光明媚的春天。美国密苏里州的大街上，行人散淡，有人手拿书本坐在街边的木凳上翻看着。这时候，在不久的未来将要成为美国文学之父的马克·吐温，因为无所事事，也来到这条大街上闲逛。当然这时候的马克·吐温还一文不名，就连他自己也不知道他的名字将要响彻世界。

这时候，马克·吐温只有14岁。他漫不经心地走着，突然发现路边一个人正在翻看的书中掉下了一张纸。他以为，也许是一张银行存折，也许是一张现金借据，或者是一张藏宝图。总之，他以为这是上帝的恩赐，他马克·吐温发财的机会来了。他快步上前捡起那张纸片仔细看。不是他想象的发财机会，那是一张记载着一个叫约翰的人离奇的传记故事。他闲着也是闲着，就从头至尾阅读起来。没有想到这张纸片的故事如此离奇，一向讨厌读书的马克·吐温竟然读得如痴如醉。但是，接下来让马克·吐温为难了，只有一张纸，约翰的故事中断了，可是他实在想知道故事的下文和结局。他立即在街上寻找那个拿书本的人，希望能够借他的书让自己看完约翰的故事。但是，那个人早就没有踪影了。

他立即去书店和图书馆，寻找有关约翰的书。虽然这个时候年轻的马克·吐温已经开始做事情，而且非常繁重，但是这丝毫没有影响他对约翰书籍的阅读。当其他人都去喝酒玩乐的时候，他独自待在房间里看书。看不懂的地方就去查字典。甚至有一次，由于他彻夜阅读，到天亮了才刚刚睡下，其他人都准备上班去了，喊他一起去，他竟然说："你们先睡吧，我得再看一会儿书才睡。"

传记作家卞曾在马克·吐温的传记作品中这样写道："偶然得到的约翰传记作品中的一张纸，引起了马克·吐温对其生平的浓厚兴趣，对这种兴趣的热衷就是他一生智慧的启蒙标志，而且这种兴趣至死都没有改变。从捡起那片废纸的那一刻起，他就走向了开创自己卓越智慧的路途。"

不久他就开始了自己出外谋生的经历，做印刷厂的排字工人，来往于密西西比河一带的几座城市。他依然在不间断地阅读，并利用一切业余时间开始创作，给报刊投稿。几年以后，他当上了河上领航员，因为经常听到水手测量水的深度时喊"马克·吐温"，意思是说水的深度可以航行。他就选择了这个笔名。因为他的经历惊险动荡，接触到社会底层的各种各样的人物，对他们的性格和生活状态进行了深刻的描述和挖掘，加上他幽默风趣的文笔和辛辣的讽刺，他的作品很快在美国文坛走红。

1862年，这个几乎没有进过什么学校，靠一张废纸片引起阅读兴趣，一直在流浪中读书写作的青年人，终于靠自己的文笔，在他27岁的时候，成为《事业报》的新闻记者，以记者的身份游历欧洲，从此开始了他叱咤世界文坛的文学创作道路。

1867年3月，马克·吐温完成了他的第一部作品，即包括《卡拉韦拉斯县驰名的跳蛙》在内的短篇小说集。他最著名的作品是《汤姆·索亚历险记》和《顽童流浪记》，其中呈现了他童年生活的面貌，文笔生动活泼，深受读者喜爱。美国著名作家海明威曾经说："美国的整个现代文学，都发源自一本书，它的名字就是《顽童流浪记》。"马克·吐温在四十年的创作生涯中，写出了十多部长篇小说、几十部短篇小说及其他体裁的作品。他的文章充满喜悦、冒险、进取、轻快、幽默的意味，最能代表美国的民族性，因而被称为"幽默大师"。

马克·吐温的幽默不仅反映在作品中，他日常的言谈也风趣幽默。一年愚人节，有人愚弄马克·吐温，在纽约一家报纸上报道说他死了。结果，他的亲戚朋友从全国各地赶往他家吊丧，却见马克·吐温正在桌前写作，于是齐声谴责那家造谣的报纸。马克·吐温却不怒不愠地说："报纸报道我死是千真万确的，不过把日期提前了一些。"

这就是被世界文坛誉为美国的"文学林肯"的马克·吐温。

凡有等待就有启程　百舸争流，奋楫者先；千帆竞发，勇进者胜。

我矮，所以你得低头啊

□江　罗

读小学时，我长得不高，坐在第一排，每天吃着粉笔灰。去食堂打饭，阿姨最先看到的是饭盒而不是我。课间活动玩蹲山羊，当山羊的那个总是我。那段时间，因为矮，我常被人取笑，变得越发自卑。

妈妈安慰我说："你不是矮，你只是发育晚。不管将来怎么样，你都得挺胸做人。人一旦自卑，无论你有多高，别人都会觉得你矮。"那时我年纪小，所理解的发育晚是我以后还能长高。

坐在后排的同学不喜欢我，常对我搞恶作剧。每次上课起立，他们总会偷偷用脚把我的凳子抽掉，害得我摔倒。我也不敢向老师告状，我的怯弱纵容了他们。那段时间，我如惊弓之鸟一般，时不时得注意凳子是否还在。

为了摆脱矮的尴尬，我做了许多努力：我常去操场跑步，有人问我是不是想考体校，我只是笑笑；我努力学习，常挑灯夜战，别人问我是不是想考清华北大，我也只是笑笑。

有一次，我跟妈妈诉苦说："我为何还没发育，为何还没长高？"妈妈安慰我说："你要相信，迟早有一天你会发育的，会长高的。"

我知道，我再怎么发育也长不高了。因为爸爸妈妈都很矮。正因为我矮、我的腿短，所以在跑步时我得加快步伐，像阿甘一样拼命奔跑；正因为我矮，所以我得把胸膛挺起，这样才不会被人小看；正因为我有缺陷，所以我得努力去改变，充实自己的内心。

仿佛一夜之间，我明白了这些道理。高二那年，我拼进全校前20名。在别人惊诧的目光中，我成功亮相。因为我的优秀，再也没人会轻易拿我的身高开玩笑了，老师们也更加关注我了，后排的同学也不再搞恶作剧了。我渐渐明白了，我的身高不够，可以用勤奋去弥补。终有一天，别人会因为我的优秀，低下他们带有偏见的头颅。

　　身体上的矮并不可怕，精神上的矮才是致命的。我有个大学同学，别人取笑他矮时，他总会很暴躁，有时甚至会和同学大打出手，给人的印象就是又矮又凶。我很理解他的感受，为了保护自己，所以狠击别人。可实际上，这样不是在解决问题，而是在制造麻烦。有时候，精神狭隘很可怕，它能让一个矮个子变得更渺小、更卑微。你谩骂他人，只会让人越来越看不起你。而别人越看不起你，你就越自卑，然后越沉沦。

　　2015年9月的一天，我无聊地坐在自习室里刷着微博，当我看见彼特·丁拉基凭《权力的游戏》荣获第67届美国艾美奖"最佳男配角"时，我的内心感到无比振奋。我看着他站在领奖台上，似乎在骄傲地说着："我是矮啊，所以，你得对我低头啊！"被问及自己的生理缺陷时，彼特表示："我在小时候就知道自己得了这种病，以后不会长高，一开始我很苦恼也很愤怒，但长大后我意识到，生活中要有一点儿幽默感，要乐观，我患上这种病并不是自己的过错。"

凡有等待就有启程　　弱者依赖命运，勇者创造命运；庸者静观命运，智者改变命运。命运不是等待，而是把握；命运不是天意，而是人为。与其让生命生锈，不如让生命发光！

我们是不是真的不如别人

□孙晴悦

小时候，我们最讨厌听大人们说，谁家孩子考了第一，谁家孩子钢琴十级，谁家孩子奥数拿了全国什么名次。对，我们甚至都没有听清楚，那不知道谁家的孩子，到底得了第几名。

那是一种莫名的失落感。就好像，生长在一片向日葵花田，自己美美地朝着太阳，花瓣尽开，孩子们跑进这片花田，一起和向日葵照相，正当向日葵很开心地享受着阳光和孩子们的笑声的时候，其中一个孩子突然说，隔壁有一朵玫瑰花，比你们长得好看。

一次和一个比我小五岁的男生喝咖啡，他说着我不懂的互联网世界，说着他已经做过两个创业项目，带领团队获得了A轮融资，他告诉我这个世界变化太快，互联网的三个月就是现实世界里的一年。他的老练、能干，他眼睛里的光，照得我眩晕，随之而来的就是那种无来由的失落感。我拼命地在想互联网的三个月就是现实生活中的一年，那我已经被那个他口中的互联网世界落下了多少年，我何时才能追上这个世界呢。

还有一次，和一个从美国念完MBA（工商管理硕士）的美女吃饭。美女妆容精致，眼神明亮，聊的是国内的创业机会，是硅谷的投资项目，是如何把硅谷的资源嫁接给国内的创业者。我完全不记得那顿饭吃了什么，只记得姑娘的壮志豪情，说到兴奋之处，银色的耳环碰撞出清脆的声音。

我认真地在想，自己是不是太过于放纵自己，奢侈地花了三年的时间，浪迹在遥远的拉丁美洲，行了万里路，却忘了读万卷书，而后果便是对于什么硅谷资源，什么国内创业者现状，本来可以发表一些看法的，却因为好像别人更懂，张口不知道该如何说。所以，我们真的不如别人吗？

回国后的我，其实一段时间都陷入沉默中，我不懂这个世界究竟发生了怎样的变化。我羡慕着那个小我五岁的互联网圈的男生，羡慕着读完MBA准备大展拳脚的美女；我陷入小时候听说别人家的孩子的那种莫名的失落中，忘记了自己其实已经在遥远的大洲，走过了一段特别美好的道路，那段时间无论怎么看，其实都闪着光芒。

有一次去秘鲁拍摄，原本没有高原反应的我，由于过于自信，劳累拍摄了一整天之后，晚上回到酒店，头痛欲裂。更可怕的是，从晚上十点，到第二天凌晨四点，一分钟都没有睡着，其间频频去厕所，拉肚子可能快二十次。

整个人瘫倒在床上，用手机百度高原反应拉肚子会不会死掉；打电话给前台，用并不怎么会说的西班牙语，问前台小哥要氧气，后来怕自己虚脱死掉，问酒店厨房要了一碟盐，自己吸着氧，在房间烧着热水，想要喝一点儿盐水。而第二天凌晨四点又要出发去机场，赶往下一个城市。

我都不知道自己是如何上了第二天的飞机，后来在朋友圈发了一张围着红围巾的照片，写着"在的的喀喀湖，高原反应，喝了古柯茶"，轻描淡写。

最近才又想起这个故事，是因为自己成了那个被羡慕的别人家的孩子。好多好多人说羡慕我的二十几岁，羡慕我去了那么多的地方，羡慕我在遥远的拉丁美洲有过很多平常人无法拥有的经历，羡慕我的二十几岁活得真精彩。

后来我明白，其实大人们所说的谁家孩子，并不是一个人。因为，并不存在一个孩子，成绩第一，钢琴十级，跳舞全国第一名，画画被博物馆收藏，还长得美。而那个看上去什么都拥有的别人家的孩子，所拥有的不过也是一个方面，并且他所走过的路，他吃的苦，我们也全都没有看到。

我们真的并没有不如别人。我们那种莫名的失落感，是因为在那一瞬间，我们拿别人有的去和我们没有的去比。谁也没有规定，一朵花必须又长成向日葵，又长成玫瑰，还得在同一个花季开得娇艳欲滴。

> **凡有等待就有启程**
>
> 清清楚楚看昨天，扎扎实实抓今天，高高兴兴看明天。向昨天要经验，向明天要动力，向今天要成果。记住昨天，思索明天，善待今天！

我就是想要最好的

□黎饭饭

上小学的时候学校组织话剧表演，剧本是白雪公主的故事，十几个女生叽叽喳喳地凑在一起商量角色分配。老师问："谁想演白雪公主？"没有人应答。但我想，恐怕没有人不想当公主吧，穿上漂漂亮亮的裙子，被众星捧月地站到中间，对一个小学生来说是再刺激不过的事情了。人群中沉默良久后，一个女生举起了手。我们扭头去看她，瘦瘦矮矮的，皮肤还有些黑。"她怎么能当白雪公主呢？"我心想，老师一定会把她换掉的。可是直到最后登上舞台，那个皮肤稍黑的女生依旧是白雪公主，而我扮演的是皇后的狙击手。

很久以后我回想起这场话剧，明明大家都想做那个最厉害、最风光的人物，但大多数人还是成了没有几句台词的配角。因为他们从没举起过手，从没说过"我想要"，所以也许更合适的机会都会从眼前悄悄溜走。

后来看的一部电视剧里，女主的经历和我很类似。幼儿园时期，她和小伙伴们喜欢扮演美少女战士，大家都喜欢粉红色的水手月亮，而她每次都是装作挑挑选选的样子，拿绿色的水手木星。在谈起这段经历时，她说："我觉得能坦率选择红色、粉色的人很不可思议，我现在还没有勇敢到能直说我想要最好的。"

这样的心理很多人都有过。害怕得不到最好的，于是退而求其次，永远没有真正承认过自己想要的东西。在看到美好的事物时总是不由自主地想，自己怎么配得上呢？说出口会被大家取笑吧，与其全力争取后又落空，还不如假装自己本来就不感兴趣……就这样，我们和自己喜欢的事物一次又一次地擦肩而过，还安慰自己说"没事，我不想要"。你的人生，就输在了这一次次的自卑上。

不得不承认，很多事情是需要去主动争取的。

静是我大学的学姐，也是学生会副主席，雷厉风行，仿佛从小到大都是一帆风顺，没遭受过什么挫折。

静跟我说，其实不是这样的。高中刚入学时选班干部，她初中就是班长，也很想继续做下去，但担心自荐太出风头，于是便没有表意，期待着被大家慢慢发现自己的能力。结果为期一个月的班干部试用期过去后，那些自荐的班干部在老师的调教下越来越得心应手，同学们也纷纷将选票投给了原先的班长而不是静。

竞选失败那天，静一个人待了很久，后来她就像是变了一个人，不再小心翼翼，而是一往无前。想要的荣誉，即使没有人竞争也要去争取。想要参加的比赛，即使对手强大也要填上自己的名字。想要实现的目标，即使过于遥远也要说出口。

她说，高中之后她想明白了，如果非得有一个人要拿到最好的，那为什么不能是自己呢？

要相信，自信也是能力的一部分。如果你只是肯定自己的能力而不去表现出来，在他人看来，和没有能力是一样的。

你是什么样的人，很大程度上取决于你想成为什么样的人。伯乐不常有，所以，与其幻想着有朝一日自己的才华被突然发现，一跃而至人生的巅峰，还不如自己为自己引荐，以赢取更多机会。不要畏畏缩缩、思前想后，想做的事，直接去做，一败涂地也总好过从未开始。

希望每个人都可以坦坦荡荡地说出自己的真实想法：我想要最好的，这并不丢人。

凡有等待就有启程　脾气要变成志气，怨气要变成和气，生气要变成争气。多一番经历，长一番见识；多一分磨难，长一分志气。

你所有的偏见，
都只是因为你还未达到那个层级

□夏至未眠

我上大学的时候，因为经济困难，经常粗茶淡饭地将就，咖啡馆更是从来没去过的。每每从星巴克的大窗户前走过，看着里面一位位端坐在精致的小皮沙发里的男男女女，心里总会默默地说上一句：世俗！

我总是想，有白开水喝更解渴、更便宜，何必要花上百八十块钱在这里喝那一小杯奇怪口味的东西呢，有这钱还不如买上两本书呢。

刚工作那会儿，我们几个一穷二白的小姑娘经常凑在一起，中午一起去公司附近的小店里吃煲仔饭，无他，因为价格便宜。

是的，月薪微薄的我们觉得，有水不喝却选择苦咖啡，煲仔饭也能吃却要花几十上百元点外卖，得有多不理性，多败家啊？

后来有一天，我和当时的总监一起出差，因为飞机晚点，我们只好去附近找个地方打发下时间。

我说："去麦当劳吧，点杯可乐坐坐就行。"总监眉头一皱，问："为什么去那种熙熙攘攘的地方？"抬眼看到旁边的米萝，她手一指："就这里吧。"

我一边跟在她后面，一边想：有钱人果然事事讲究。

进去之后，我和她淡淡地闲谈着，店里轻音乐萦绕，坐在柔软的椅子上，我出现了一点点的错觉：如果以后累了，就在这把椅子上休息一下，也是挺美好的。

看着总监手臂上的卡地亚手链，我终于鼓足勇气脱口而出："你们买这种贵重的物品，从来不觉得浪费吗？"

总监一愣，说："不过一万多元而已，看着样子喜欢，也没多想，就买来戴了。"

不过一万多元而已！听得我差点儿内伤。

总监说："我年薪几十万元，给自己买条一万多的喜欢的手链，很正常呀，有什么浪费的！"

总监看看我的侧耳，说："这和你月收入四千元，买对喜欢的一两百元的银耳钉，好像没有什么区别吧。"

她接着说："但是在那些可能还不够温饱的人眼里，你这样花一百多元买对耳钉，还不如他们多买两袋白面大米吧。"

说得我竟然一时没有缓过神来。

最后，她笑着说："等你以后住得起高楼洋房，穿得起华衣锦服，喷得起五号香水，你就会明白，你喝杯蓝山咖啡，买个LV包包，真是再平常不过的事情，这就是我们生活的常态，和我们去吃个路边摊，喝瓶矿泉水，买双粗布鞋一样一样的，没什么区别。"

我环顾店里，人们都在自顾自地忙着，有的看书有的办公，没有人注意到，这边角落里一个普通弱小的女孩子，内心经历了怎样的翻江倒海，沧海桑田。

现在，我也经常去公司楼下的咖啡厅角落里默默地想文案或赶稿子，偶尔抬起头，看着外面匆匆而过的小女生或小男生那不屑的眼神，我总是回想起五年前的自己。

忽然就突兀地笑了。

人生啊，真是奇怪，原来你所有自以为是的固执和偏见，都只是因为你没有达到那个层次。

放下你自以为是的偏见和固执，为了那无限可能的生活，再坚持一下，再努力一把。🌱

> **凡有等待 就有启程**
>
> 你生而不可限量，你生而诚信善良，你生而心怀梦想，你生而伟大，你生而有翼，你本不应匍匐在地。你能展翅，那就学会飞翔。

有梦想谁都了不起

□王秋凤

"给力啊！""帅爆了！""太酷了！"……一名男孩用铁锅、油漆桶、塑料桶等废旧材料拼凑出"架子鼓"演奏的视频在短短两个月之内引来近百万网友追捧，大家惊叹他居然能用如此简陋的"乐器"演奏出激情的音乐，感慨"有梦想谁都了不起"，并亲切地称呼他为"架子鼓男孩"。

刘家鑫所谓的"演唱会"，就是将"架子鼓"搬到平台上，用挂在木棍上的手电筒作为"聚光灯"，再花两块钱买上十来支烟花，点上几根蜡烛，然后开始自唱自演。

"一直以来，我都在问自己为什么那么喜欢音乐，那么喜欢唱歌……既然选择了，那我就会永远坚持下去……"一阵"粉丝"尖叫声后，"倔强演唱会"的主角刘家鑫登场，随后便是这段"真情告白"。

实际上，这场演唱会只有刘家鑫和堂哥两个人，一个观众也没有，"粉丝"的尖叫是哥俩费了好大劲才配上的"音效"。尽管"演唱会"开得煞有介事，但对于家境贫寒又成长在偏远的西部小县城的刘家鑫来说，从小到大他与音乐的交集少得可怜。

上初一时刘家鑫参加了学校的校园歌手大赛，得到了冠军，他把200元奖金全部交给了妈妈，他说："妈妈一个人打工养家太辛苦了，我还是不花钱了。"

也正是因为"懂事"，刘家鑫从来没有跟母亲提出过学音乐的要求。家人曾经送他去学过一个月的吉他，但他嫌每月150元的学费太高而放弃了，从此专心跟堂哥在家捣鼓自己的"架子鼓"。

刘家鑫并不是一个活泼外向的孩子。他告诉记者："但只要是跟音乐有关，即使自己再差也敢上前。"

凡有等待就有启程 成功不是等待的结果，而是努力和坚持的结晶。

第三辑

信念不败，
越磨砺越有光彩

看得见的运气，看不见的努力

□杨 梅

据《宋史》记载，樊若水是南唐时期的一名普通书生，他自幼聪明好学，能思善算，博闻强识，过目不忘，因才高自负而不愿久居人后。长大以后，他梦想通过科举入仕，光耀门庭。可当时的南唐后主李煜是个千古罕见的极品，诗词才华一流，治国水平却不怎么样。像樊若水这样胸有鸿鹄之志的员工，非但不受待见，更连进士都考不上，这让他非常郁闷。所以，当他听说崛起于北方的大老板赵匡胤有雄才大略，正招贤纳士，便产生了跳槽的想法。

数月后，樊若水抛家舍业，跋山涉水，跑到大宋都城开封，朝皇宫里送了一封自荐信。宋老板手下的员工嘲笑樊若水自不量力，可逆天的一幕发生了，读完他的自荐书后宋老板竟仰天大笑，高呼"南唐李煜小儿，已尽入我袋中"，然后又当着文武百官的面当场拍板，决定重用樊若水。

樊若水骤然飞黄腾达：先被特许参加进士考试，等于变相保送镀金，然后官至舒州军事推官，到任后屁股还没坐热，紧接着又升为太子右赞善大夫。短短几个月，这位冒冒失失跳槽的愣头青就成了大宋炙手可热的新星。

樊若水的平步青云招来了其他官员的嫉妒，一封封弹劾批评的奏章像雪片一样飞上宋老板的案头，他们一边惊叹樊若水鸿运当头，一边抱怨宋老板鬼迷心窍。

直到开宝八年（975）十一月，大宋军队在樊若水的策划和指挥下势如破竹，越过长江天堑，直捣黄龙，干脆利落地俘虏了南唐国主李煜，基本完成了统一大业后，所有人目瞪口呆，彻底跪服。

原来，当樊若水决定跳槽后，就想着要给宋老板送上一份不同凡响的见面礼。可送什么礼物好呢？

经过深思熟虑，他认为大宋之所以长期啃不下南唐，并不是实力不够，而是因为浩荡的长江是南唐的天然屏障，是宋军长驱直入的最大障碍。樊若水颇懂兵法，也读过不少有关地理和水利的典籍，加上他长期生活在长江边，对长江渡口、圩堰、关卡、要塞等都了如指掌，所以他决定倾尽所学，帮宋太祖在长江上架一座桥，打通长江天堑。

可是，在那个年代，要想在广阔的江面上架起一座浮桥，真不是一件容易的事。除了复杂的技术要求，还要有充分的物质条件做保证。其中关键的是，需要准确丈量出江面的宽度，然后才能有针对性地准备架桥物资，并在岸边搭建浮桥的固定设施。为了掩人耳目，方便勘察测量，樊若水经人介绍，披上袈裟，到具有地理优势的广济教寺当了和尚。

一有机会，樊若水便会去牛渚矶边查看地形，并暗自绘下图纸，标上记号。为了得到长江水面宽度的准确数字，他经常以垂钓为名，划着小船，带上长长的丝绳，在江面上不知疲惫地往返。他历时数月，进行了十余次测量。樊若水还向广济教寺捐献了一大笔资金，名义上是为了请神佛保佑过往船只的平安，实则是为宋军日后的渡江做准备。

樊若水借助寺庙的掩护，在牛渚矶一带暗中活动数月之久，滚滚长江一石一沙他都了如指掌，这才有了他呈献给宋太祖的自荐书，"请造浮梁以济师"的计策和他精心绘制的堪称开创了人类桥梁工程学新纪元的技术报告——《横江图说》。

更令宋太祖惊叹的是，自荐书上不但有详细的施工规划与精巧的设计，就连采石江面的水纹深浅，都有精细到极致的标注。几乎每一个字，都是樊若水冒死在江面上往返勘测换来的。樊若水也因此堪称中国历史上第一座长江大桥的设计者和缔造者。

由此可见，没有人能随随便便成功。那些看得见的运气背后，往往有着常人难以想象的努力。

人间枝头 各自乘流 想要改变一种行为不要拖到明天，否则它会变成习惯；想要抓住一次机会不要拖到明天，否则失去了它不会再来！

"可做梦"的书店

□鲁桂林

安吉洛原在意大利开了一家书店,经营不到三年,刚有些盈利,却一夜回到解放前。他没想到,自己在维罗纳镇的书店算是独树一帜,却依然难逃跟大多数书店一样被淘汰出局的命运。

如今纸质书刊被越来越多的电子阅读替代,多少人还会静下心来捧着书本看几个小时呢?他不得不另谋出路,考虑该何去何从。家人劝他转行经营智能电子产品,说不定可以时来运转,可是让他断然把所有的书籍抛弃无异于要了他的命。

有一天,或许是因为太劳累,安吉洛手中的书没看到一半他就呼呼睡着了。冥冥之中,他进入书中的情节,与书中主人公一起游山玩水,感觉好不畅快。醒来后,他突发奇想,可不可以经营一家"让人舒坦"的书店呢?

接下来的一个月,他经过考察,发现国内许多大型书店,几乎没有一处提供能让人看书看到睡,并睡到自然醒的"特殊服务",于是他决定开一家"可做梦"的多功能书店。

由于资金缺乏,安吉洛在维罗纳郊外一个依山傍水的地方找了一家门庭冷落的酒店,并说服酒店经理与自己合资经营。他把自己的书搬进酒店,让爱书者能在轻松的阅读氛围中自由自在地看书,而且能不受约束地睡觉。酒店经理抱着最后一线希望,乐意合伙经营。

2016年9月,"可做梦"的书店紧锣密鼓地开张了,24小时营业,生意出奇火爆。单看里面的设计,简直像一座迷宫。置于前厅的蓝色波浪形沙发错落有致地摆放,整体看上去宛如看书人在海中曼舞,天花板上"暗室"数百间,各具情态,如梦如幻,也许你的手一伸进去,触到的就是那本你日思夜想的书。来这里的客人最爱的就是顺着书梯到天花板上"寻宝",每每有新发现，他们都会欢呼雀跃。

书店里的书不仅新奇而且种类繁多，各个国家最新出版的名著、漫画、杂志等应有尽有，更让人惊叹称奇的是，这些书籍还有一些很特殊的名字，比如"隔帘听雨""无法入眠""闻香入梦""思乡回乡"等独具个性特色，而且有一些别处难以寻到，百年之前的旧书、名家手抄本与玉石字画相映成趣，让人有一种恍若隔世之感。

看书看累了的客人，最惬意的莫过于可以入住这里情调不一、星罗棋布的"卧室"。这类"卧室"与立式大书柜的外形并无多大差别，但它们一个个和谐友好地镶嵌在书架内分外迷人，钻进去或坐或躺或睡，你就可享受与成千上万本好书共处共眠的幸福时光。

书店除了有"意想不到"的住处，还设有各色餐厅、酒吧用来服务客人，酒食多以当地特色为主。另外还有可随时使用的沐浴室，洗护用品、睡衣、拖鞋等一应齐全。

一个个孤独无依的灵魂，一个个寂寞难眠的深夜，因为有了书和床及食的"联姻"，那些疲惫的远乡客，那些成天迷恋于电子阅读的网虫，终于有了一处可停留的诗意原乡。

该书店运营不到半年，就受到众多读书者的青睐而每天人员爆满，排队到深夜还有没等到"床"的客人，等不到"床"的人不得不以地为席。

很多外国人更是为了一睹书店的风采，跋山涉水慕名而来，只为了过来体验一下这种有书伴眠的神奇感觉。

到2017年11月为止，安吉洛先后在罗马开了五家分店。

世上最幸福的事，莫过于醉卧书榻，闲赏清风明月，累伴书香袅娜。

很多时候，打败人的不是事物发展的趋势，而是无可匹敌的优势。

人间枝头 各自乘流　别等太阳升起，才去寻找光明。黎明时分，就应该起程，因为未来总是青睐那些醒悟最早、行动最快的人！

法罗群岛的"绵羊尺"

□刘 燕

法罗群岛是一个位于挪威海和冰岛之间的群岛。其四周都是辽阔的海岸线，有着一望无垠的大海和绝美的海岸风光。但可惜的是，因为位置太偏远，法罗群岛并不为人所知。

正因为太过偏僻，所以法罗群岛的很多方面都不太完善，这让当地的居民时常觉得不方便。别的不说，当全世界很多岛屿都已经拥有自己的电子地图和谷歌街景时，法罗群岛却没有。

一开始，法罗群岛的居民联合起来，向岛上的旅游局工作人员建议，要求他们想办法为法罗群岛制作电子地图和谷歌街景以方便居民出行。但由于法罗群岛地广人稀，旅游局的工作人员表示无能为力。在居民们的强烈要求下，旅游局也曾给谷歌地图部门发送过好几封邮件，可惜谷歌的人太忙了，根本没人回复他们。

无奈之下，法罗群岛的居民决定自己想办法。他们联合起来成立了一个名叫"绵羊视角"的项目，决定由旅游局一个名叫安德森的人负责测量地图和制作街景。

然而，当安德森开始正式实施"绵羊视角"计划时，却发现太难了。首先，法罗群岛太大了，而且很多地方都是高山悬崖，仅凭安德森一人之力，是很难完成这项计划的。

怎么办呢？安德森非常苦恼。这天，头痛不已的安德森干脆暂时放下地图的事，来到了室外散心。

看着室外蔚蓝的大海，还有法罗群岛独有的广袤草地，安德森的心情好多了。看着看着，安德森的视线突然被一群正在悠闲吃草的绵羊吸引。安德森发现，没有一只绵羊会老老实实地待在一个地方吃草。相反，很多的绵羊都是吃着走着，有好几只绵羊甚至跑到了海边的悬崖边上吃草。

看着为食物奔走不停的绵羊，安德森的心里有了主意。安德森知道，相比5万的本地居民，数量高达8万的绵羊其实更像法罗群岛的主人。安德森想，如果让四处奔走的绵羊来帮助制作电子地图和拍摄法罗群岛街景，如何呢？一开始安德森被这个想法吓了一跳，但深思过后，安德森决定不妨一试。

于是安德森想办法找来了5只较为温驯，又不愿意在同一个地方吃草的绵羊。安德森尝试着把装有太阳能电池的自动相机绑在5只绵羊身上，接下来就放任这些绵羊在法罗群岛走来走去。

没多久，法罗群岛各个地域和角落的照片就通过绵羊身上的高清相机传到了安德森的手机上。安德森再从绵羊们拍的照片中选出角度最好、最清晰的照片进行剪辑，再把照片上传到谷歌上。等到绵羊们拍摄的照片足够多时，安德森又开始利用这些照片制作出了部分法罗群岛的电子地图。

同时为了更好地宣传法罗群岛，安德森还把绵羊们拍摄的法罗群岛绝美风光做成了视频放在了视频网站上。让人意外的是，绵羊们拍摄的照片引起了很多网友的兴趣，在点击量大增的同时连带偏远的法罗群岛和岛上的绵羊们都成了"网红"。无数网友被法罗群岛的优美景色和"会丈量土地的绵羊"吸引，来法罗群岛旅游的人数大增。

更让安德森意想不到的是，利用绵羊制作出来的电子地图也成功吸引了谷歌地图部门的注意。经过商议，最终谷歌的地图部门决定尽快派人来法罗群岛帮助他们制作剩下的电子地图和街景。

面对困境，是坐以待毙，还是积极想办法解决应对，安德森和法罗群岛的居民们用事实给出了最好的答案。因为相比怨天尤人和消极等待，独辟蹊径有时反而能更快达到目的。

> **人间枝头**
> **各自乘流**
>
> 跌倒时，要能认识障碍，勇敢站起；失意时，要能自我检讨，再次出发；困难时，要能冷静分析，寻找突破口；彷徨时，要能看清目标，坚定方向。

理想不会抛弃苦心追求的人

□鲁先圣

理想是什么？理想在哪里？

我们每一个人，在青春年少的时候，在人生困惑的时候，肯定都遇到过这样的问题，都一定有过这样的追问。

一代文学巨匠沈从文仅仅有高小文凭。他12岁就被送到军中学习军事，到了15岁就已经作为一名正式的军人转战湘西的丛林了。

1922年夏天，20岁的沈从文决定离开湘西到更大的世界里寻找理想。他告别军队，搭上了去北京的列车。来时军需处给他的27块钱还没到北京就花光了。在武汉，一位军人借给他10块钱，到北京的时候，身上仅剩7块钱。此时他的大姐沈岳鑫和姐夫田真一正在北京，他就去找他们。

姐夫问他："你怎么到这里来了？"沈从文说："我来寻找理想。"姐夫十分惊诧："寻找理想？什么理想？"沈从文说："读书，写文章。"姐夫听完十分钦佩，很赞赏地说："很好，人家带了弓箭药弩到山中猎取虎豹，你赤手空拳带着一脑壳幻想来北京做这份买卖。我告诉你，既为信仰而来，千万不要让信仰失去！因为你除了它，什么都没有。"

姐姐和姐夫不久就回湘西了，年轻的沈从文开始了他在北京为寻找理想而闯荡的人生历程。他首先报考了燕京大学，但他仅仅小学毕业，考试时一问三不知，人家连报名费都退给了他。同班考试的人和老师对他说，赶快回家吧，这做学问的事不是想做就能做的。而更可怕的是，他的经济来源完全断了。

他责问自己，怎样才能实现我的信仰呢？考不上，我就自学，没有饭吃就卖卖报纸，帮别人做小工，总之不能退缩。他在银闸胡同租了一间由储煤间改造而成的又小又潮的小房子，房子仅能放下一张小床和一张小木桌，沈从文称之为"窄而霉小斋"。因为房子很小，他微薄的收入除了吃饭还可以应付。他很高兴，相信自己又可以为自己的信仰而奋斗了。他白天去京师图书馆读书，傍晚去街头卖报，晚上在自己的斗室里伏案写作。北京的冬天很冷，他没有条件生火炉，就坐在被窝里写。尽管艰苦的生活和恶劣的条件对于只有20岁的沈从文来说困难太大了，但那个神圣的信仰在鼓舞着他，使他不仅没被困难吓倒，反而苦中有乐。

他读了很多书，写了很多文章，但文章投出去如石沉大海。这样的状况持续了两年时间，他开始怀疑自己不是搞文学的材料。他给当时的知名作家郁达夫等人写信，备述自己对文学的信仰和苦苦追求的艰辛。不料他的信引起了郁达夫的注意，当时已经名满文坛的郁达夫去那所小房子看望了几乎濒临绝境的沈从文。这个湘西青年对文学的信仰强烈震撼了郁达夫，他回去立即写成了那篇著名的《给一位文学青年的公开状》。自此，中国文坛上一段传世佳话产生了，一位世界级的文学大家开始走上文坛。郁达夫的关注，使得天资聪颖，生活阅历丰富，又有一定文学积淀的沈从文很快名满京华。很多年以后，沈从文在回忆自己那段经历时告诫后人，一个人只要有坚定的信仰，各种生活的困难就不足为虑了。

诺贝尔文学奖终身评审委员马悦然说，沈从文是1988年最有机会获诺贝尔文学奖的候选人，当时沈从文已经获得提名，只是他们发现沈从文已离世几个月了，而诺贝尔文学奖只授予活着的作家。

1985年，有几个学生联名给著名作家巴金先生写信，要"寻找理想"，希望他以"最快的速度"告诉他们实现理想的"神秘钥匙"。巴金先生抱病给几位同学写了回信，谈了他对理想的看法："理想不会抛弃苦心追求的人，只要不停地追求，你们会沐浴在理想的光辉之中。不要害怕，不要看轻自己，你们绝不是孤立的！昂起头来，风再大，浪再高，只要你们站得稳，挺得住，就不会被黄金潮冲倒。"几个年轻人从巴金先生那里得到了理想的答案，这个答案也从此影响了无数的人。

人间枝头 各自乘流 只要还有明天，今天就永远是起跑线。知道自己目的地的人，才是旅行最远的人。

用一美元唤醒的文学梦

□江志强

托尼·莫里森作为迄今为止唯一获得诺贝尔文学奖的美国黑人女作家，一直备受读者关注的问题就是：她的文学梦想是如何培育的？莫里森对此回答："是祖母用一美元唤醒了我的文学梦。"

莫里森的祖母也是一名黑人，性情开朗，最大的爱好是"解"自己的梦。每当做了梦，她总会把孩子们叫到一起，拆解、分析自己的梦。

莫里森回忆说，有一回祖母做了一个奇怪的梦，她梦见自己的后背上突然长了一对阔大的翅膀，风一吹，她便飞了起来，飞离了贫民窟，越过了密西西比河，越飞越高，一直飞进了月亮里……谁知，就在祖母万般激动时，梦醒了，摸摸自己的后背，并没有那对飞翔的翅膀。对此，祖母向孩子们拆解自己的梦："这是一个美好的梦，这一定是上帝为我送来的福音啊！梦中的那个大大的月亮，就是美丽的天堂。我觉得，我一定能实现这个梦！"孩子们倾听着祖母的梦，满怀憧憬。莫里森的眼睛睁得大大的，她渴盼自己也能长出一对祖母梦中的翅膀，飞向幸福的彼岸。

随着祖母不断地解析自己的梦，年幼的莫里森日渐着迷，每天都要缠着祖母，请她解梦。莫里森说，"听梦"是她童年最大的精神享受。

然而，祖母不可能总是做梦。每到"无梦可做"的时候，她便向孩子们"讨梦"，请孩子们把自己做过的梦说出来，替他们解梦。时日一久，孩子们兴趣索然。只是，祖母依然怀有很深厚的"解梦情结"。

有一天，祖母突然对孩子们宣布："我决定用一美元购买你们的梦。谁能说出一个梦，我给谁一美元。"

"一个梦值一美元？"莫里森不可思议地问祖母。

祖母点点头："说到做到！"

对于年幼的莫里森而言，一个梦换一美元的诱惑太大了，她可以用一美元买五本画报、一只漂亮的风筝。于是，莫里森把自己做的梦主动讲给祖母听，祖母先为她解梦，解完了梦，付给她一美元。莫里森得意极了。

然而，小孩儿并没有那么多的梦，即使有，也不可能完全记住，可莫里森又很想持续不断地得到那一美元。于是，莫里森开始"编梦"。她渐渐喜欢上了独处，在独处时发挥想象力，编织梦境，她的很多梦光怪陆离，甚至很荒诞，祖母却听得如痴如醉。

随着年龄的增长，莫里森的"编梦能力"越来越强。有一回，莫里森将"做"了很久的一个梦讲给了祖母，大意是：她梦见自己被台风吹到一座荒凉的海岛上，遇见了一只三条腿的小狼，便将小狼视为知音，而小狼带领她发现了荒岛上的一座宝藏库。谁知，小狼却阻止莫里森挖掘这些宝藏。莫里森却受不了诱惑，私自开启了宝藏库。原来，所谓的宝藏并非奇珍异宝，而是一条时光隧道，借着时光隧道，莫里森穿越到两千多年前的古希腊，成为亚里士多德身边的一名书童，倾听着先哲的演讲……

当莫里森向祖母讲完这个梦时，天已大亮。祖母告诉她："这个梦太神奇、太不可思议了，我至少需要思考三天时间才能帮你解析这个梦。"三天后，祖母告诉莫里森："这是一个伟大的梦，将来一定能实现……"

多年以后，莫里森对记者说："当年，为了支付一美元的昂贵'梦资'，祖母拼命地捡破烂、帮别人洗衣服、修缮花池，受了很多罪，即使生病了也舍不得买药。每一次为我解梦，祖母都给了我无尽的鼓励，使我尽情展开想象的翅膀。尽管，她早已知道我的梦是编出来的。是祖母点燃和开启了我的追梦之旅、文学之路。"

莫里森还说："自己最初的文学创作，不是起源于文字，而是来自讲述，在一次次大胆的讲述中挖掘出了自己的文学潜能。尽管那个年代非常贫困，可我们有梦想，有梦想就会有希望。"

> **人间枝头 各自乘流**
> 我的梦想，值得我本人去争取。我今天的生活，绝不是我昨天生活的冷淡抄袭。

多走几条路

□ 大 鹏

小学的时候，几乎每个同学都选择了一样乐器去学。我爸想让我学二胡，但是二胡老师无情地拒绝了我，他说我的手指太短，学不了二胡。

后来，我就转而学小提琴。在兴趣班里，有十几名学生用的都是学校提供的小提琴。因为无法在家练习，很快我就只能滥竽充数了。于是，有一次放学前小提琴老师把我留下，语重心长地对我说："大鹏啊，你不太适合学音乐，可以试试去报别的班。"

那句"你不太适合学音乐"对我的影响很大，我觉得自己适不适合做一件事不应该由别人去做出判断。但是，你认为我会立刻用实际行动证明他们的判断是错误的吗？

并没有，我很听话地报了绘画班。我还算有天分，后来拿过很多次奖——那时候少年宫的内部比赛中，所有的孩子都有奖。

初中的时候我还画过漫画，模仿蔡志忠的画风，自己编剧情，强迫同学们看，看完还要写观后感。同学们新鲜过一阵之后，都去看原版的蔡志忠漫画了，我失去了动力，也就没继续这个爱好了。

我还有很多爱好，比如写文章、打篮球、做饭……虽然这些爱好最后能够成为特长的少之又少，但谁又能说我付出的那些努力是没用的呢？起码让我找到了适合自己努力的方向。

可能在乐器、画画方面，我有短板，但我在写作、做饭方面找到了自己的用武之地。在正确的道路上发力，我成了最想成为的自己。

大胆去尝试吧，走错路也没关系，多走几条路，总能找到适合自己的。

人间枝头 各自乘流　很难说什么是办不到的事情，因为昨天的梦想，可以是今天的希望，还可以成为明天的现实。

候鸟守护人

□ 明前茶

晚上8点半，白洋淀附近的一家小旅馆里，刘姐与她的小伙伴们整装待发，预备去做拆除捕鸟网的工作。换上高筒胶靴，刘姐在每个人手指开裂的地方，缠上新的胶布。

外面的气温已经降到零下5摄氏度，在这种天气伏守在芦苇丛中，手指很快就冻木了。但刘姐不肯戴上手套，因为他们干的是与捕鸟人斗智斗勇、争分夺秒的活儿，戴上手套，拆除捕鸟网的速度会慢一半，就不能赶在鸟撞上捕鸟网之前，把它们都剪掉。

他们不知疲惫地把绵延几十米的捕鸟网一点儿一点儿剪碎。拆了这一处，还有另一处，贪婪的捕鸟人真是无处不下手。拆到后半夜两点钟，刘姐发现刚拆下的网上，已经粘上了十几只鸟，其中一只小松雀鹰，还在奄奄一息地挣扎。刘姐赶紧把它们从网上解救下来，请一位伙伴捧着鸟儿，自己动手帮松雀鹰剪去翎毛上粘连的黑网。

鸟的伤不严重，刘姐打算把它们交由旅馆老板养两天，等"清网行动"结束后，找一片安全的芦苇荡，将它们放飞。为了解救鸟儿，刘姐他们也会去当地的野味餐馆，买下鸟儿放生。一次，餐馆老板仰面朝天，望着行将入锅的美味呼啦啦飞走，不解地问刘姐："你们这伙人倒是心善，可你们忙活这些事有什么意义呢？"

刘姐一眼瞧见老板约10岁的儿子正伏在收银台上写作业，便高声应答："怎么没有意义？晓得那首诗不？'两个黄鹂鸣翠柳，一行白鹭上青天'，以后咱们的子孙要是问起，黄鹂长什么样儿？白鹭又是什么东西？咱也不能只给他们看博物馆里的图片和标本吧！"

刘姐说完就走了，那个伏在收银台上的孩子，目光一直追随着她。

> 人间枝头 各自乘流　青春气贯长虹，勇锐盖过怯懦，进取压倒苟安。

走出去，让世界找到你

□陶瓷兔子

我曾经跟一位被业界公认为"拼命三郎"的朋友聊起一个话题：如果你不缺钱，也不缺时间，你最想做什么？

她眼神灼灼："去旅游，或者窝在家里看书练字，最好能开一家花店，或者像《破产姐妹》里的两个女孩一样，自己开一家小小的烘焙店也不错，还可以顺带卖手工首饰，一想到这些就觉得人生好丰富。"

说完这话的一年零三个月后，她离职了，有房有车有商铺，提前过上了退休老干部的生活。

"我从明天起就要开始看书。这周计划自驾游，我要去青海；要是有合适的店铺，我就在那边当老板啦。"

她信誓旦旦说完这番话，被子一拉睡过去，起床一看天已半黑，索性放弃阅读的计划，抱着iPad（平板电脑）刷完了刚刚热播完的一部剧。

接下来的每一天，几乎都是这一天的重复。

"我又找了一份工作，从明天起也要上班了，"到了第四个月，她咬牙切齿地说，"这四个月我哪儿也没去，书也没读字也没练，找店铺的事更是忘得一干二净，唯一的收获，就是长了15斤的体重。"

"我是高估了想象这两个字的力量，以为自己知道想要的是什么，可看来我根本就不了解自己。"她说。

这并不只是一个偶然的个例，想必大多数人都经历过类似的事：上学时每个假期都信心满满地给自己计划了各项任务，工作后每年的年度计划，从来没有完成过。

这并不只是由于拖延，而是我们根本不清楚自己想要的是什么，所以才没有强劲有力的动力来完成和实现。

对于大多数人来讲，"变得更好"只是一个虚幻的方向，它拥有无数的岔道口，你站在起点，既无法看到每条路的尽头，也不清楚更适合自己的是哪一条。

那么问题来了，你是要一直等下去，还是要一直试下去？

不要拒绝意外，因为意外是让你与世界互相试探的机会，你对什么东西有兴趣，你的天赋在哪里，如何激发自己的潜力，如何找到最适合自己的路，并不是你坐在家里苦思，或者跟前辈们聊天就能获取的真知。

你要走出去，去感知、尝试、体验，才能明白自己跟这个世界的合拍之处，而这些，不是仅仅凭借坚持"周密计划"就可以达成的结果。

如果你一直等，大概永远也无法意识到自己是什么样的人，如果你只是过河问路的那匹小马，也就永远无法确定适合别人的道路是否适合自己。

没有人告诉你如何能变得更好，什么才叫最有效的努力。读再多的书，终究纸上得来终觉浅。我们每个人，都是在跟生活的互相试探和碰撞之后才能找到自己。

毫无疑问，你得先打开门。迈出脚，世界才能找到你。

> **人间枝头 各自乘流**
>
> 有了梦想，就应该迅速有力地实施。坐在原地等待机遇，无异于盼着天上掉馅饼。毫不犹豫，尽快拿出行动，为梦想的实现创造条件，才是梦想成真的必经之路。

掌握时间轨道的赢家

□吴淡如

如果你偶尔会看看房地产广告的话，那么，你一定会常看到，最大的利多，就是某个本来偏远的地方，号称在两年后地铁就会通车。

房地产专家也通常会告诉你，有地铁的地方房价上涨得快，在步行10分钟可到地铁的距离，就算不会涨，也能够"抗跌"。

其实，全世界都一样，距地铁步行10分钟内的房地产，几乎都是连年上涨。

你也应该发现，一个地点，如果没有地铁，只有巴士，不管巴士再多，它的增值度绝对不如地铁。

为什么？

这就是"轨道"的问题。

人们信任轨道，信任"时间表"。固定，是一种保证，让人安心。就算有高速公路四通八达，但因为可能会有"塞车"的疑虑，发生人为事故的概率也比较高，所以人们的信任感较低。而且，我们喜欢"定速"。定速让人更感安心。

如果你想要实现什么目标，而那个目标看起来并不容易达成，那么，最好的方法，就是把自己放在一个定速的轨道上。

如果你想要学好语文，每天就念一页，也胜过一天念了10页，却常在几天之内就鸣金息鼓的"拼命三郎"。

这就是所谓的"循序渐进"。也是我们小时候读的"龟兔赛跑"的故事所蕴含的道理。

没天分，没关系，就当一只每天爬个不停的乌龟吧。当然，如果你是一只努力不懈的兔子，那么，你有比乌龟更好的条件可以征服巅峰。

世界上，有些道理是共通的。

比如减肥。如果你每天稍微少摄取一点儿热量，每天做一点儿消耗能量的运动，那么，至少在一个星期之后，你可以看见自己的腰围稍微变小些。减肥最怕爱立志的刚猛之士。

如果你立志在一周内瘦下10公斤，用了各种狠招，那么，就算你成功了，人类的惰性反扑也很刚猛，你大概在一个月内会胖得比你减下的更多。

把自己放在轨道上，每天定量完成一些。

我曾经看过一位世界著名作家叙述，对他而言，写作已经是一种瘾，因为已经是经年累月的习惯，不写些什么的话，他一天都觉得难受。就算是肠枯思竭，他也会企图填满一张摆在眼前的稿纸，就算是写上"我今天真的不知道要写什么"也好，说也奇怪，只要开始写，他就会有灵感。

就算是大家觉得很"不修边幅"或"不按常理出牌""不受常规限制"的艺术家或作者，如果他不想在中年还在那里感叹怀才不遇的话，他也得在自己设定的轨道上前进。

日本著名作家村上春树就是个好例子。他也跑马拉松，每天早晨，天未亮就起床了，开始跑步。他曾说，跑步是为了锻炼身体，让自己可以一辈子写下去。

我相信，人在从事高心肺功能的训练后，脑袋也更清明。每天早上跑步结束，村上春树开始写作，至少每天写满10张稿纸。

写作当然会遇到瓶颈，有时写的心血可能在第二天决定作废，但是持续本身就是能量的泉源，总有一天那个瓶颈会消失于无形。

这不只是艺术创作者成功的秘诀，事实上，所有白手起家的创业者，之所以能够创业，靠的也是每日持续前进的力量。靠着这种力量，王永庆从米店伙计变成了塑料王国的创立者，而李嘉诚从叫卖的小贩变成富甲天下的商人。

他们都不是只想"赌一把"的赢家，而是每天扩展一点点的赢家。

**人间枝头
各自乘流**　　没有人知道下一秒会发生什么，只要这一秒不放弃，下一秒就有可能会出现奇迹。

每次只追一个人

□张君燕

出生于美国密西西比州的史密斯为了挑战自己,报名参加了海军陆战队后备役军官训练班。在训练班结业时,学员们要进行一场"抓人比赛"。规则很简单,以个人为单位,在规定时间内互相躲避和追逐,抓到的人越多成绩越好。

比赛开始后,史密斯很快对躲在大树后的艾伦发起了攻击。艾伦见状,拔腿就跑——史密斯的高战斗力众人皆知。追逐时,史密斯发现了好几个躲在暗处的学员。艾伦本以为他会顺手先抓了那些人,没想到史密斯只盯着艾伦不放。最后,史密斯成功抓到了艾伦。

艾伦不解地问:"很多人与你只有一步之遥,先抓了他们比对我穷追不舍省力多了。"

史密斯摇头道:"我们追逐时消耗了很多体力,而其他人一直在躲藏,以逸待劳,所以继续追你才是最佳选择。"

在剩下的比赛中,史密斯每次也只追一名学员,最终取得了优异的成绩。而很多学员不停地改变目标,最终累得精疲力竭,一个也没追上。

史密斯后来进军商界,创立了全球最大的快递企业——美国联邦快递公司。他就是"联邦快递之父"弗雷德·史密斯。他的经验之谈是:"一次只定一个目标,心无旁骛地追逐到底,才能成就你的人生。"

> 人间枝头 各自乘流
>
> 明天是拖延的最好借口,然而成功必须是今天就去努力,今日的辉煌是昨日努力的结果,明天的辉煌也必定是今日努力的回报。

犯错比读书学到更多

□[德]罗尔夫·多贝里　译/刘菲菲

你会愿意让一位读过上千本医书但从未给病人动过一次手术的医生为你开刀，还是选择做过上千次手术但没读过一本医书的医生？

一位制药集团的首席执行官在和我一起吃晚饭的时候说："在公司里巡视的时候，我可以马上察觉到哪些部门运行良好，哪些部门有问题；当我雇用员工时，短短几秒之内我就可以感觉到他是否合适；当我和供应商谈判时，凭直觉就知道谁想欺骗我；当我准备收购一家公司时，投资银行几千页的报告远远没有一趟短短的公司巡视有用。"

我问他："你是在哪里学到这些的？哈佛吗？"

他摇摇头："我在发展自己的事业时犯了上千个错误，从中学到了很多。"

知识有两种类型：用语言描述的和非语言描述的——我们往往过度重视前者。

在4年的组装时间之后，莱特兄弟在1903年12月17日成功造出了第一架飞机。他们实现自己的这一梦想并不是靠学习前人的科学理论，因为当时还没有这种理论，在那之后的30年，飞机制造理论才得以成形。

谁发明了自动织布机、蒸汽机、汽车和白炽灯？绝不是理论家。我们对知识分子、学者、理论家（所谓有文凭的人）评价过高，而低估了实践者和干实事的人。

文字会掩盖能力，表达能力好的人会赢得更好的机会。谁没有在邮件和报告中很好地表述，谁就往往得不到升职——尽管他本来有这个能力。

所以，重要的知识在实践中。请你把对文字的敬畏放到一边，在适当的时候停止阅读，做些可能会失败的尝试。

> 人间枝头　各自乘流
>
> 仰望险峰，只能知道它的高大，而探索险峰，却能知道自己的高大。

露珠

□尤 今

明知道旭日一升，它便消失无踪；明知道大风一起，它便倾落湖中；明知道生命不长、明知道危险处处，可是，凝在荷上的这颗小水滴，依然很努力、很卖命地把一个很完整、很完美的自己呈现出来。

它倾尽全力为自己圆梦，梦里的它，是一颗圆得无懈可击的露珠。在它为自己筹备那一场生命的演出时，满湖荷叶，寂寂、静静，观看、欣赏。

终于，貌不惊人的小水滴在百折不挠的毅力下，炼成正果，凝成露珠。

玲珑的、浑圆的、晶莹的、透亮的，有钻石的璀璨，有宝石的光彩，有水晶的纯净，有玉石的丰润。

欣喜若狂的荷叶，大大地展开绿色的手掌，满怀激情地托住它，犹如托住一个千载难得一见的绝世佳人。旭日冉冉升起，露珠慢慢消失，羽化成气，腾空而去。

生命虽然比朝阳更短，可是，它没遗憾，因为它曾尽了心力展现了自己最绚烂的一面。

> **人间枝头 各自乘流**
>
> 不要羡慕平稳的生活，不要畏惧苦闷的心境，坚定的理想、足够的信念，坎坷的遭遇和苦闷的心境都可以构成推动你的力量，假如你有时觉得软弱，希望你多拿出一分耐性与坚韧，也许再向前一步，你就会发现，已经是峰回路转，夜尽天明。

第四辑

心态要稳，扛得住触底反弹

把最坏的日子过成最好的时光

□李 静

到医院看表妹，如果她不是穿着病号服，我根本看不出她刚刚死里逃生。表妹的人生一直顺风顺水，大学毕业后成了一名时装设计师。努力工作了几年，终于得到出国培训的机会。就在她意气风发时，出了车祸。

我看到她时，她刚刚做完手术，右腿打着钢架。我很心疼她，遭受重创，还失去了培训的机会，她却绘声绘色地讲述着那惊心动魄的一幕。我知道她是不想让我们担心。

再次去看她时，在走廊遇到她的同事，他们都替她惋惜。推门前，我的脑海里还闪现出表妹强颜欢笑的场景。可当我坐到她面前时，她秀美的双眸里没有一丝哀怨。本应在国外的时光却换成困在病床上，她竟然还能这样没心没肺。表妹说起她曾见过的一个真实事件：女生从马背上摔下来，还被马狠狠地踢了一脚，六根肋骨同时骨折，不但动不了，还要承受巨大的疼痛，但她只问了医生一句"会好吗"，当得到肯定的答复时，她再没喊过疼，再没流过一滴泪，她要把全部的精力都用来修复自己的身体。

原来表妹不是伪装坚强，而是等待着重回美好。她把哭泣的时间都用在设计上，终于可以静下心来为自己设计一件礼服。当她身体康复时，向我展示了那件漂亮的礼服，没过多久，这件礼服还为她捧回一个国内的设计大奖。

表妹在生命中最疼痛的日子里没有哭泣、沉沦，这让我想起了朋友姚冰。她读中专时学的是法语专业，梦想着有一天可以走在塞纳河畔。读大专时，她却不得不走父母规划的人生路，毕业后做着自己不喜欢的工作。就在梦想渐行渐远时，她突然辞职，重回学校学起了法语。本科毕业后，她以为梦想在向她招手，没想到投出的简历都石沉大海。万念俱灰时，她并没有停下追梦的脚步，而是一边打工，一边参加法语水平考试。

　　父母多次劝她，只要她一个转身，就可以把自己从泥潭里拔出来。为了躲避父母的游说，她从家里搬了出来。我真切地看到了她的努力，我问她有没有后悔时，她笑得很开心，说自己现在很幸福，最起码不会住二十元钱一天的房子，也不会连个包子都吃不上。那段对她而言近乎黑暗的日子，我却从未听到过她对生活的抱怨。当她终于将法语练到对答如流时，有几家外资公司向她抛出了橄榄枝。成功的那一刻，她依然淡定。

　　原来的同事海洋和朋友合伙成立了公司，我也跟随他到了新公司。公司逐渐走向稳定，而在他准备大展宏图时，合伙人撤资，带着大部分客户另起炉灶。公司岌岌可危，我以为他会给大家一个交代，没想到他却躲着不肯出来。那段时间，我一直在想，是不是他很为难，在等着我们主动辞职。就在我进退维谷时，无意中从公司的电脑系统里看到了当月的收支状况，好像没有想象中那般惨不忍睹。慢慢地，公司回到了预定的轨道，虽然搁浅了一段时间，可并没有停下发展的脚步。

　　逐渐壮大后，庆功宴上，我问他当年是不是也曾迷茫过，他却提起了电影《中国合伙人》，他说："怀揣梦想的成东青签证被拒时，你以为梦想也跟着破灭了吗？因在外私自授课，被燕大除名，你以为他就是一个失败者吗？从偷偷在肯德基办英语补习班，到开办新梦想学校，正是一无所有成就了成东青。"他也一样，没时间迷茫，唯一能做的就是用真诚稳住现有的客户，再大力开发新客户，力挽狂澜。原来那段最迷茫的日子，他没有躲起来，也没有绝望，而是激发了全部的斗志，也成就了他今日的辉煌。

　　在这个喧嚣而浮躁的尘世中，每个人都会经历生命中最疼痛、最黑暗、最迷茫的日子。在这最坏的日子里，如果只是哭泣、抱怨和绝望，那么美好只能是越走越远。不妨坚持梦想再走上一程，也许就会柳暗花明，迎来最好的时光。🌱

半溪明月　一枕清风　　当我真心追寻我的梦想时，每一天都是缤纷的，因为我知道，我努力的每一个小时，都是在实现梦想的一部分。

无所事事不是慢生活，是慢待生活

口王　欣

1

我有个表妹，今年26岁，大学毕业后就在北京工作，但三年里至少换了五家公司。

她每次辞职之前，都会约我出来倒一倒苦水，说她在公司如何不被重视、被老板压榨、被同事穿小鞋、公司离家太远而考勤太严……

最开始我还支持她换工作，直到她要换第五家公司时，我才突然意识到：谁在公司没有经历过被剥削、被排挤、被轻视的阶段？每天早出晚归，准时出勤完成工作，这难道不是每个人生活的常态吗？总之，这一切并没有什么好抱怨的。

终于，在听到她因为觉得同事俗气、心眼多、合不来而第五次辞职时，我说："任何人去任何公司上班，都是为了挣钱生活、积累经验，而不是为了去交朋友。同事只是为了完成公司任务而被商业契约绑在一起的陌生人，只要他做好他的，你做好你的，大家能共同完成工作就好。所以，我觉得你因为这个辞职挺不理智的，要不要再考虑一下？"

结果，小姑娘对我说："不考虑了，上班太没劲。我其实想过的是慢生活——去腾冲开个小咖啡馆，简简单单，也挺美好的。"

那次见面之后，小姑娘真的离开北京去了腾冲。看她的朋友圈，果然在当地盘了个咖啡馆，有几次，我看了也的确很羡慕。

再联系是前不久，小姑娘打电话给我，支支吾吾要借钱，说生意进入了淡季，没什么客源，但日常开销还是要付的。她不愿意再打电话向家里要，因为她妈只会唠叨让她赶紧回老家找份正经工作，根本不理解她。

我沉吟了一下，给她转了一些钱。挂电话前，我对她说："别怪我帮你妈说话。如果你的咖啡馆一直是靠花家里的钱运转，那你过的就不是慢生活，是啃老的生活。"

2

我今年决定辞去工作，专心在家写书的时候，好多熟人对我说：真羡慕你，自由职业，想睡就睡，想写就写，真正的慢生活。我敢慢吗？真的不敢。

如果我能按时按质完成当天的计划，那么，我的确可以把剩下来的时间自由安排。但，若是因为犯懒、松懈等，拖延了工作，我就得有那么几天不能好好睡觉，没日没夜地赶工。

作家村上春树从20多岁出版了第一本小说后，至今30多年，每年不间断写作、出版，他把自己的一天规划得井井有条：清晨出门跑步，然后写作直至中午，下午学习，晚上社交。很多人羡慕他整洁、温馨的书房，有唱片，有吧台、有各种小玩具。

如果你能像他一样，每天坚持写作4小时以上并长达30年不间断，你也值得拥有一间这样的书房。

3

所有你看到的，那些惬意、闲适、无拘无束、不受金钱困扰的慢生活，其实都是人生给予自律的奖赏，是生活某一个甜美的瞬间，却并不是全部的日常。做完了便可以停下来，把剩余时间浪费在一切美好无用的事物上。

慢生活，是有底气的自给自足，而不是好吃懒做、得过且过。

无所事事、碌碌无为，并不是慢生活，是消极地活着。当你一厢情愿地慢下来，什么也不做，又渐渐感觉被边缘化、毫无存在感，长期以最低标准活着的时候，请不要迁怒于任何人，也不要伸手向别人要钱。

选择任何道路，都要为自己负责。🌱

> **半溪明月一枕清风** 梦想如清风，在你迷茫时吹醒你昏沉的大脑，为你远航的船儿升起强劲的风帆。

"白手起家",我考上了耶鲁大学

□江学勤

六岁时,我随父母由广东移民到加拿大,始终没有过上开心的生活。父亲做着底层的工作,在社会上受歧视,他的脾气暴躁,经常打骂我。家庭生活不如意,我在学校更是被排斥。我的发型和衣服全都土得掉渣,个人卫生不好,被同学们疏远、嘲笑。本来我的内心就十分敏感,情感丰富,在学校的一切不如意,都让我长期处于抑郁和愤怒中。我始终不能真正融入加拿大,现在我只想要逃离。听说了美国的常春藤名校,我的第一反应就是:这是一个逃离现有生活的好机会。

于是,我自己去图书馆找资料,研究如何申请哈佛、耶鲁这样的常春藤名校。我发现这些学校要求申请者具备如下条件:拥有非常强的学习能力及成绩;具备领袖气质,积极参加各类活动;在体育或其他方面有突出特长;表现出社会责任感,诸如做义工等;个性鲜明,具备创造力及远大理想。我对照这些要求与自己的实际情况,立刻就发现自己不符合其中任何一条。我是一个自卑自闭的人,在学校没什么朋友,不敢和女生说话,不敢在课堂上发言,课余活动就是躲在家里看电视或是看科幻小说,成绩也十分平庸。

即便看起来希望渺茫,但我仍然决定奋力一搏,因为我实在无法忍受现在的生活。

首先我要换一个环境。于是,我设法转学到了多伦多最优秀的公立高中。我用最难的课程排满了自己的课表。上下学的途中,我会站在拥挤的地铁车厢里,读《纽约客》或是《大西洋月刊》,以提升英文阅读能力。在新学校里,我加入了足球队,因为这是唯一来者不拒的运动队;另外,我组织了一个"智力竞答"的社团,参加的人全是和我一样的书呆子;我还当上了校报总编辑,因为没有其他人想要那个职位。为了进入常春藤,我可以说是付出了十二分的努力。结束了一天的繁重课程之后，我会组织"智力竞答"社团或是参加足球队训练，晚上七点到家后会因为疲惫立刻昏睡两小时，然后九点爬起来，读书、完成作业、复习，一直到凌晨四点，实在无法抵御疲惫时再去睡觉，第二天八点起床去上学，就这样周而复始。那对我而言是压力非常大的两年，但为了心中的目标，我坚持了下来。

即便如此努力，我仍然希望渺茫，当时我的同学中有许多人远比我更有竞争力。我记得一个同学，他是校园里的焦点人物，SAT（美国大学委员会主办的考试）成绩非常高，又入选了冰球国家队的少年梯队，像这样极具人格魅力又全面发展的人不在少数。对他们而言，获得哈佛、耶鲁的录取似乎是水到渠成的，于我而言却很困难。但我就是要争取本不该是我的东西，竭尽全力改变现状。

记得有一天，耶鲁大学的招生官来到我们学校，和十几名希望申请耶鲁的学生进行座谈。他们都非常优秀，其中有学生会主席、科学天才、运动健将，当他们讲自己的经历时，我佩服得不得了，招生官却始终是一副很平静的表情。轮到我了，我实事求是地说了自己的经历，讲我如何从一所不好的学校转学过来，极力想改变自己糟糕的状况，其中遭遇了怎样的困难与挑战等，直到现在也没有达到其他在座同学的高度。这时，耶鲁大学的那位招生官第一次真正微笑了，认可地冲我点了点头。

后来，我十分幸运地获得了耶鲁大学的录取，我极度开心。我承认，这里有运气的成分，但是或许也有我真正打动了招生官的地方，它不是我的优秀成绩与领导才能（我并不真正具备），而是我身上那种近乎于"白手起家"的努力，那种改变自己命运的强大渴望。

> **半溪明月 一枕清风**
>
> 向着目标奔跑，何必在意折断的翅膀，只要信心不灭，就看得见方向。顺风适合行走，逆风更适合飞翔，人生路上什么都不怕，就怕自己投降。

积分学习法

□空谷渺音

学习要持之以恒，不断努力，当然也要有正确的方法和良好的奖励机制。这样有趣的学习方法，你确定不尝试一下吗？

我一直觉得，学习不是一件特别难的事，难的是如何保持持久的学习动力和永不放弃的学习毅力。如果问我怎么做，那就不得不说起我压箱底的学习秘籍啦！

目标分大小，先要设置好

首先，我们拿出一个本子，大本子、小本子都可以，推荐小本子，因为不需要写太多字。

然后，在前几页写上：大目标，小目标。先说小目标，比如，寒假瘦10斤。接下来，要思考的是，我们要达成这个目标需要做些什么呢？我们可以少吃+多动。每天要做的是运动1小时，晚饭少吃。

再举个例子，小目标为语文考120分，那么接下来要量化任务，把目标具体化：每天看一篇范文，三天做完一套题，早上读古诗词等。这样坚持下来肯定能提高自己的成绩。

大目标和小目标比起来，就不是那么容易达到了。大目标可能需要花费1年或3年的时间才能达到。

例如，我的大目标是考上厦门大学，那么小目标就要围绕着这个大目标来设置，结合自身的学习状况、本省的录取比例、前几年的录取分数等，分层次、分步骤地设置小目标。

总的来说，小目标的实现是一个逐渐积累的过程，也就是量变，而大目标的实现是最后的质变。

积分奖励自己，提升目标完成度

我们可以把学习的过程积分化。因为大目标比较遥远，所以我给每个小目标都设定了积分。完成一个小目标，自己就赚了一些积分，如果一个月的学习积分达到1000分，可以奖励自己出去玩一次。

完成一个小目标得多少积分，自己随意设定。我一般把完成一个小目标设定为10积分。当然了，在选定目标任务的时候，任务不要太难，否则一个任务总也完成不了，看不到希望，就很容易倦怠。我一般会把背完一个单元的单词、写完一篇作文，或者刷完一套数学题作为一个10积分的小任务。后来，我把积分化变成小时化，如果一个月学习超过400个小时就奖励自己买一件喜欢的衣服。

这个方法的最大意义是让我相信：努力一定会有收获。当你不断地"自我努力+自我激励"，就会觉得任何事情只要努力就能做到。

还有一个和自己互动的方法，就是在书或者笔记本的前几页写上自己在学习这科时的感受，可以调节情绪和记录生活。没事的时候翻一翻，很有趣也很感慨！

我觉得学习要持之以恒，不断努力，当然也要有正确的方法和良好的奖励机制。这样有趣的学习方法，你确定不尝试一下吗？

> **半溪明月 一枕清风**
>
> 每一株小草都有钻出泥土的梦想；每一粒种子都有长成参天大树的梦想；每一只蝴蝶都有冲破茧飞向天空的梦想。但梦想终究是虚幻的，不去实践，它永远都只是个梦。

拯救海洋的荷兰少年

□陈世冰

17岁那年,荷兰少年斯拉特跑去希腊海边潜水,希望能看到企盼已久的海天一色。但展现在他眼前的海边,竟全是不堪入目的塑料垃圾。他看到一只小海狮在垃圾堆里挣扎,几只海龟被破旧的渔网困住动弹不得。从那天起,斯拉特开始对海洋污染进行研究,萌生了拯救大海的想法。

斯拉特发现,在洋流的作用下,塑料废弃物会在海面上漂浮、集中。世界上最大的绵延300多万平方千米的"太平洋垃圾岛",就是由太平洋洋流吸附形成的。如果采用人工清理,需要用8万年的时间才能完成。斯拉特在研究过程中,突然脑洞大开:既然塑料能在洋流的作用下漂流、汇集,那么,要清理它们,只需要设计一个收集设备即可,也就是借洋流之力让塑料自己跑进收集设备里。

于是,还在读高中的斯拉特将这一概念变成科研项目"海洋吸尘器"计划。他设计的"海洋吸尘器"装置,让海洋中的废弃塑料得以回收利用。

斯拉特进入大学后,他用自己积攒的零花钱做了一个模型来验证,在这过程中不断地试错和论证,持续改良和优化。在花光自己的积蓄后,他开始想办法筹钱,他花了半年的时间到处推销他的海洋拯救计划,然而很多人不相信他这个看似天方夜谭的海洋拯救计划。

偶然间,斯拉特把自己一个拯救海洋的演讲视频放到了网上。让他吃惊的是,短短几天,就有成千上万的人点击他的演讲视频,他每天都会收到

1500封电子邮件——人们申请做志愿者，想要帮助他圆梦。

高兴之余，斯拉特赶紧建立了一个众筹平台，15天后就筹到了8万美元。斯拉特率领着一支由科学家和志愿者等100人组成的队伍进行试验制作。终于，"海洋吸尘器"装置正式被拖进海里进行测试。安装好吸附过滤装置后，他向海里扔了一个塑料物，装置成功将塑料物拦截。试验成功了！

2016年年初，斯拉特部署了一个长达100千米的设备，对"太平洋垃圾岛"开展了清理工作。斯拉特估计，在太平洋垃圾岛，20年左右的时间，即可把这个世界上最大的垃圾岛消灭干净。

拯救海洋的路相当漫长，因为塑料废弃物不仅漂浮在海洋表面，还广泛存在于水中甚至水底。而斯拉特的"海洋吸尘器"设备目前只对在海面漂浮的垃圾有效，并且目前的设备还不能"抓住"小于两毫米的微型塑料。但无论如何，斯拉特都决心做下去。

当然，斯拉特除了想实现清理海洋的梦想，还打算造出更高级的垃圾清理器，投入污染水域使用。

17岁时的梦想，21岁时就实现了，仅仅用了4年时间。

把海洋变成心目中的样子，想到了就去做，这才是你摆脱平庸的开始。荷兰少年斯拉特，要用自己的梦想，和强大的海洋垃圾打一场"战争"，他坚信，自己一定能赢。

> **半溪明月一枕清风**　有些人一生只做两件事：不甘于平凡，奋力拼搏，所以越来越成功。还有些人一生只做两件事：等待机会，后悔错过，所以越来越落后。

即刻启程

□Nico

我出生在一个内陆三线小城市，父母都是老实巴交的上班族，从小就养成了艰苦朴素的好习惯，我也耳濡目染，衣服用品总是缝缝补补又三年。父母对我的愿望就是不求富贵，但求安稳；嫁一良人，儿孙满堂。所以从很大程度上讲，我潜在的自卑性格，是从成长环境中衍生而来的。

童年时期就被灌输的固有模式，可能会伴随你的一生，并在你的成长过程中被不断强化。你能做的只有把自己变得更好。

我曾暗示过自己一万次：你不行，你可能做不到。但是今天，我会说，没关系，试一试而已。即使做不到，我也不会后悔尝试过。于是在朋友眼里，我成了一个爱"折腾"的女孩。

大学期间，我摆过夜市，被城管追了整整一条街；开过淘宝店，并自己拍照修图当客服；做了半年多的微商；前不久开始在简书写字，并开通了个人公众号。在此期间还顺便考下了驾照，考了研。

他们看着我乐此不疲地尝试新鲜事物，过着不怎么"淡定"的日子。而我在这么多折腾的事情当中，不仅解决了我的基本生活问题，更收获了比经历本身更珍贵的东西。

我终于看了一场喜欢了15年的偶像的演唱会；我自己支付了整整一年的生活费，并在春节期间给父母和自己分别购置了新衣服；我尝试了新的领域，开阔了眼界，手机和电脑不再只是重复播放韩剧的播放器……

我很快乐，因为我勇于尝试。

朋友说："我佩服你说做就做的勇气。"

可我明白，我折腾得这么明目张胆，也怕被人嘲笑一事无成。当自己没有天分的时候，我想只能靠天道酬勤了吧。

最开始在简书上写字的时候，我没有想过自己真的能坚持下去，也从没想过通过写字来获得什么。连续两篇文章被编辑拒绝之后，我意识到，自己可能真的不是写作这块料。

可我没有就此放弃。我关注了五十多个大号，学习他们的写作模式，研究简书首页的"爆文"，再改进自己的缺点与不足。终于，我的第三篇文章《7.16周杰伦日：生命潦草，我不弯腰》，被简书首页收录，这对我这样的写作小白来说是个极大的鼓励！

突如其来的肯定令我激动不已，我下定决心开始了艰难的日更（每天更新一篇文章）生活。

写作的时候，我常被固有思维限制；为了寻找突破口，我开始了广泛阅读。从金庸的作品到《诗经》，从肝胆相照到儿女情长。除了纸质版，我还在火车上、公交车上阅读电子版。随着视野不断开阔，我渐渐地让自己跳出思维定式，写作的角度变得更多，情感更丰富。

天赋是奢侈品中的贵族，当天赋不足的时候，只有脚踏实地、勤勤恳恳才是治病良方。正因为我能力不足，才有了后天的不断学习和反思，争取做到勤能补拙。

所有的甘于平凡，往往都是缺乏意志力的表现。在今天这个物欲横流的社会，大多数人还是贪心的。只不过，人们往往选择容易实现的"贪婪"去兑现，比如吃顿好的，看场电影，而不是拖着疲惫的身体，再努力一把。

今天，我在现实中摸爬滚打，但依然向往诗与远方。我渴望说走就走的旅行，但也永远记得一步一个脚印。

人生没有万事俱备，只有即刻启程。

半溪明月
一枕清风

世界上最耀眼的光芒有两种：一种是太阳的光芒，另一种是我们努力的光芒。

用心拾掇自己

□王举芳

大学毕业后，学室内设计的他跨界做了一名木作匠人。他痴迷那些历经沧海桑田而还具有顽强生命力的木头。

他是一个有思想的木匠。那些只为满足顾客需求而进行设计创作的木制作品，无法表达他内心真实的想法，他觉得木头应该是自由的，木材本身的特质美感应该得到尊重。在不破坏木头天然质感的基础上加以创新，不模仿不复制，剔除匠气，这样所制作出来的木艺作品才能和谐地融入任何环境空间，这才是一个木作匠人的本心。

看着残旧的木头在自己的手里重新焕发生机，他欣喜不已。没事的时候，他总去废旧木材市场逛逛，买回那些经过岁月洗礼的老木材，在那些风雨打磨出的独有的纹理基础上进行设计制作，别有意趣和风味。这令他更醉心于自己的木作研究。

他常忙中偷闲，带着家人去郊外感受大自然的清净，在庭院中种花养草，或者约三五好友，谈笑间尽情享受一份"竹雨松风琴韵，烟茶梧月书声"的闲情雅致。他觉得没有生活情调的人，设计出的作品也会枯燥乏味。

他说木匠活儿也是一种修行，能修身养性，让人不再心浮气躁，找到回归自然和本真的情怀。

用心的人，有美丽的人生。

她出生在农村，家里人祖祖辈辈都是地地道道的农民，家族里从没有人走出过闭塞的小山村，更没有人懂得艺术设计，而她，如此迷恋艺术造型。

18岁，她勇敢地走出了山村，在别人充满疑问、羡慕的目光里。

人地生疏，她很茫然，不知道到哪里才能找到自己喜欢的艺术。为了生存，她在一个风景区当了一名负责某个景点介绍的导游。

她买了造型设计方面的书，随身带着，在没有游客来景点的时候，反复读着，仔细揣摩着。有人说摄影对学习艺术造型设计有帮助，买不起相机，她就用手机拍风景或者自拍，练习对光和构图的掌握。

忙完一天的工作回到宿舍，别人都出去吃喝玩乐，她不去；别人把闲暇时光用来发朋友圈、刷微博，她安静地待在一角，看着手机里的照片进行创作。

一个偶然的机会，一名游客看到她设计的造型，建议她参加一个"中国风"的设计大赛，她觉得自己还没有达到参赛的资格。游客鼓励她试试，并为她搜集了有关比赛的资料和联系方式。

抱着试试看的心态，她把自己的设计稿按照地址寄出去，忐忑着，期待着。不期待获奖，只期望能有一个回复，给她指出一点儿不足。数天，没有任何音信，她有些心灰意冷了。她怀疑自己不是做设计的料。

那是个细雨飘飞的天气，游客很少，她走在细雨中，任密密的雨丝淋湿了她的衣裳。同事说领导有事找她，让她去一下。在办公室里，有两个陌生人。领导介绍说这两位是"中国风"大赛的工作人员，来通知她去领奖。原来，她寄设计稿的时候，只留了单位地址，没有留下电话等其他联系方式。

"你的设计稿用色大胆、色彩丰富，比如红，红得那么浓烈，震慑人心；黑，黑得冷峻，直抵骨髓。不管哪一种颜色，在你的笔下都熠熠生辉，焕颜重生。这十分可贵。"听了这些话，她高兴极了。

虽然只获得了优秀奖，但从此坚定了她做好设计造型的决心和信心。

现在，她已是资深专业造型设计师。她说人要时刻保持着乐观的态度和坚持向上的姿态，掌控好自己的生活节奏，用心拾掇自己，时光便会为你雕刻出美丽人生。任由岁月来去积淀沉厚，也难掩你的光芒。

驾驭命运的舵是奋斗：不抱有一丝幻想，不放弃一个机会，不停止一日努力。

人和人的差距，远不止一个好运

□沐 沐

01

毕业那年我找工作的时候，向表哥的同学H姐姐请教经验。H姐姐是那一年单位招收的唯一本科生，而且被分到了单位最好的一个所。表哥介绍她时说了这样一句话："她运气可好了，做什么都很顺利。"

跟H姐姐聊天，她说："当时面试，我只是带了大学期间的几本手稿，《建筑空间组合论》那本书里的所有插图和一沓速写，面试的几个领导人轮流看了我的手稿，院长直接说，你的踏实、勤奋和几年来的进步都在这里反映得很清楚，我们需要你这样的员工。"

"哪里有白捡的运气。我不是一个有天赋的人，之前没有绘画基础，在大一时我就看到了和其他同学的差距。于是我开始坚持画速写。那时候老师讲空间，推荐了《建筑空间组合论》，我就把这本书看烂了，每一张图都画了好几遍。"

后来在H姐姐家看到她的手稿，我一点儿都不惊讶这几本手稿何以打动面试官。图的旁边配上自己的理解。有小插图，也有空间的特点分析。

H姐姐自语道："那天如果院长不在场，不知道其他人会不会做出同样的选择。"我想，就算院长不在，其他人也会做出同样的选择。因为H姐姐比别人多的，不只是运气。

《建筑空间组合论》基本上每个建筑系学生手上都有一本，有人甚至没有完整地看过一遍；速写和手绘，建筑系学生都曾热爱过，也痛恨过。但是没有人坚持几年如一日画建筑速写；对空间的理解和把握，都知道是建筑师做设计的灵魂所在，没有几个学生会长年累月地琢磨这玩意儿。

H姐姐说的运气，是踏实，是勤奋，还有做事认真的态度，不懂就钻研，不熟就多练，不会就努力学习。

02

还记得我大学时坐火车回家，邻座一个人说是贾平凹的同乡，小时候跟贾平凹一起玩泥巴的，然后满脸不屑地说："小时候他还没有我学习好，作文也没我写得好，后来运气好被人发现了捧红了，我就是没那运气！"

我跟爸爸说起这件事，爸爸笑笑说："那种心态就好比大家一起在路上走，有人突然搭车走了一样。随后他们的差距越拉越大，就会有人以为自己缺的只是一辆顺风车。"

我们看到别人的成功，赞扬他们的时候，他们会说是运气好。那些好像很轻松，又把事情做得很好的人，我们真的以为是他们运气好，或者是有天赋，而忘记了如果没有努力做支撑，运气和天赋是没有意义的。

事实上，好运背后，都是坚持不懈的努力。天才背后，都是辛勤抛洒的汗水。职业网球运动员小威在战胜拉德万斯卡后说："我不知道这是不是运气，我不相信运气，我只相信努力。"

很多人的"尚未成功"，欠缺的不仅是一个好运，还有足以支撑好运的努力。如果不努力，运气就算来了，也还是会悄悄溜走的。

半溪明月 一枕清风

每个人都有远大的梦想，但再远大的梦想也要从一点一滴做起，在通往远大目标和理想的道路上，会遇到各种各样的困难，不要向这些困难低头，要做的是迎头面对困难，从这些困难中看到机会。

哪有天生幸运的传奇，不过是长年累月的供给

□巫小诗

2013年，我的一位同学从他就读的大学休学去创业了。

学校虽不是顶尖名校，至少也是一本，是高考大军挤破头想进的学府。当时大家都觉得他太冲动了，觉得他一定会后悔的。但是谁能想到呢，事情的发展跟演电视剧似的。

2015年同学聚会时，我们还是穷学生，精打细算找了一家便宜的KTV，几十个人挤在中等包间里。他呢，因为应酬迟到了一会儿，开着车来的，自己买的车。那两年他成立了一家小公司，做的是高端家具定制，创业途中，还有幸碰到了未婚妻。这件事情在老同学中炸开了锅，大家一个个感叹着"还读啥书啊，咱们都去创业吧""机会都是给胆大的人的""找工作没意思，要干就自己当老板"……

讲真的，大家嫉妒他运气好，嫉妒他像赌神，任性妄为地揣着一沓零钱走进人生大赌场，出来的时候，已经挣得盆满钵满。

我跟他聊过几次，了解他的经历之后，连嫉妒都自己躲起来了。

他不是脑子一热，拍桌子说"老子不读了"就休学创业去的；他休学前，做了非常充足又细致的准备。大一的时候，他就自己做项目，还拉到了风险投资。平常鬼点子多，各种挣钱的门路都懂一些，休学前，他也是跟家里、学校做足了交代，并且自带储蓄。创业途中更是脸皮厚到没边，为了学习家装知识，他主动在装修队白干了很久的活……

不侥幸，也不传奇。哪有那么多背水一战的幸运传奇啊，不过是水到渠成的自我供给罢了。

愿你拥有足够的幸运，更愿你做好足够的准备，迎接幸运的自己。

在该奋斗的岁月里，对得起每一寸光阴。

这不是理由

□ 亦 舒

新加坡电台有一档可爱的节目,叫《这不是理由》。

女孩子说:"我不能赴你的约会,因为妈妈不准我晚归。"这并不是理由,不过是推辞。

老板说:"对不起,我们薪水一律这么多。"这也不是理由,只不过是阁下不值得他破例。

没有时间写作?不不不,这更不是理由了,一切都看选择,凡事都排座次,如果真的想做一件事,想得厉害,想得憔悴,一定会做成功。

浅而易学的事不去做,很明显是不想做,没有必要做,不值得做,以及不方便做。那么这件事在当事人心目中,自然也不是重要的事。

一位大律师接受访问,记者问他,业务繁忙如何抽空搞音乐?他笑笑答:"要是喜欢,总有时间,譬如说,人家吃饭,我不吃;人家睡觉,我不睡;我作曲,我练习乐器。"

就是这么简单。

人在爱得不够、努力不够、用心不够的时候,总喜欢创造一些不是理由的理由来开脱自身,以便下台。

熬得住,出众;熬不住,出局。人生进退是常事,关键在一个"熬"字。

你不需要忙，只需要坚持就够了

□汤小小

前几天，有人对我说，管理好自己的时间以后，这段时间忽然就闲了下来，觉得怪怪的，问我要怎么办。

我愣了一下，而后反问她："轻轻松松难道不好吗？"

但是"轻松"好像与大环境不符。这个环境下人人都以忙为荣。

无论是看文章还是听别人的分享，推崇的都是悬梁刺股型的努力，有人每天睡两三个小时，有人从来不过周末，有人在地铁上学英语，有人在孩子的哭声里写作。

首先声明，我对这类人非常佩服。他们挤出时间为梦想而努力，真的很了不起。

但扪心自问，我做不到，我相信绝大多数人也做不到。

我一天睡不够八个小时，就会打瞌睡；在不安静的环境里，我没有办法专心，更不能在地铁上看书，甚至我都没有办法一边运动一边思考。

像我这种人，是不是就罪该万死呢？

我最初开始全职写作的时候，真的非常努力。每天早上六点起床，不洗脸、不刷牙，先打开电脑。一个上午坐在那里不动，中午连做饭的时间都没有，还要跑去吃食堂，下午又是在电脑前坐半天，晚饭随便凑合，丢下碗就拿起书本。

我要求自己每个月至少写十万字，只要脑子里有东西，就一天到晚不停地写，恨不能一天写十篇文章。当然，没有东西写的时候，我就疯狂看书、看新闻，到处找素材。

整整半年，我都甚是忙乱，仿佛比"霸道总裁"还要日理万机。

结果导致视力急剧下降，每天焦虑不安，掉头发、长斑，脾气越来越坏。如果一天一个字都没写，我就会自己生闷气。

我觉得我很努力了，可是那半年，我真的没有什么成绩，唯一的一点儿成绩，也不过是在报刊上多发表了几篇文章而已。

后来我决定调整状态，重新规划时间，规定自己每天上午写一篇文章，下午写一篇文章，哪怕我有一百个素材，也每天只写两篇文章。我不再苛求自己每天无止境地写下去。

一旦把任务量化，人就忽然变得轻松很多。每天看看新闻、看看书，轻轻松松找两个素材，再花两三个小时写出来。不用工作八小时，而且没有太大压力，有时间做一顿美味的午餐，也有时间听听音乐、打打电话。

这样的计划，我执行了三年，而且养成了习惯，越来越轻松。那时候，我从每天工作八小时以上到每天只工作四小时，而这四小时，却给了我意想不到的结果。

我每年发表一千四百篇文章，就是这每天四个小时创造的价值。

所以我经常对身边的人说，你不需要忙，只需要坚持就够了。只要在这个过程中，你一直坚持做着你想做的那件事情，你的人生就会慢慢地发生改变。

那种每天只睡两个小时的坚持，可以坚持一两天，可以坚持一两个月，但可以坚持一年、两年、八年、十年吗？

也许有人能，但那一定不是你和我。

在这个人人都忙的时代，如果你也很忙，记得要一件一件地去忙，一件一件地去坚持。如果你很闲，也不用不好意思，因为你不需要忙，只需要坚持就够了。

半溪明月
一枕清风

梦想不是火星或月球，而是地面上的一座高山，只要你下定决心，每天坚持向前走，终有实现梦想的那一天。

所有决定努力的时刻都是正当时

□ 韦 娜

1

20多岁的时候，我想写作，写很多故事，成为一位作家。我的一个发小苦口婆心地劝我："写作要看天赋，不是你想写就能写的。你看看那些成名的作家，哪个不是有天赋的？你现在才开始写作，肯定晚了。此外，女孩子干得好不如嫁得好，女人这辈子最重要的是找到一棵大树，高枕无忧地度过这一生……"

发小意味深长地说完这些话，便离开了北京，回到了老家的小城，匆匆嫁人，成为家庭主妇，过上了如她所愿的生活，留下我一个人在这座城市漂泊。

我还是想写作，虽然没有大张旗鼓地去报写作的班，却每天坚持下班后看书、写点文字。8个月后的一天下午，我看着阳台上被书塞得满满的两个书架，随意翻开一本，都有我画过的痕迹和记录的文字，突然泪流满面。

我那时并不知道自己要坚持多久，看多少书，写多少故事，流多少眼泪，经历多少段人生，才能顺利地出版一本书，成就自己的梦。但我想起20岁，自己减肥时，也不知道何时才能瘦下来，可坚持去做了，自然而然也就走到了那一天。于是，我擦干眼泪，趴在写字桌上，又开始创作。

当时我有一个同事，叫涂哥。他和我一样，白天上班，晚上回家画画，坚持了很多年，作品曾在国家博物馆展出，拿过奖。我那时特别仰慕他。

遗憾的是，涂哥后来离开北京回了老家。记得把他送到车站的时候，我虔诚地抱着他送给我的画，真诚地祝福他："你在那片山中住着，别忘了画画。"他说："画画不能生活啊，我还要赚钱，还要生活，还要结婚养家。"

涂哥说的我都能理解，但依然觉得很可惜：一个那么热爱画画的人就这么离开了。涂哥告诉我："从事艺术创作，认真你就输了。"我却觉得，不管你选择了哪一种生活，不认真你会输得更惨。

2

直到现在，我依然在北京漂泊。一路上，我遇见了很多坚守梦想的人，也有对梦想嗤之以鼻的人。

但随着年龄的增长，我真的越来越喜欢"梦想"这个词，不仅如此，我还更欣赏那些懂得认真坚持的人。

我终于出版了自己的书，过上了自己想要的生活——想停下来享受生活的时候，敢立刻停下来；想奔跑在职场的路上时，又可以义无反顾地前进。最初劝我不要盲目的发小，拿着我的书说："真羡慕你，可以为自己而活，你身上拥有我想得到的自由和快乐……"听罢，我终于扬眉吐气。

如今，我为自己庆幸，庆幸当初没有盲从身边的声音，认为一切努力都为时已晚。总有一些人、一些事改变了我对自己的看法，让我奔波，让我升腾。那些疼痛，犹如化茧，让我走到三十而立的关口，获得了从未有过的信心。

我不想辜负以后的以后，也盼望老了的时候，可以淡然地对孩子说，几乎所有的事情，你觉得为时已晚，恰恰是刚刚好的开始。

想做什么就去做吧，每一个犹豫不决的挣扎，都是对人生最大的浪费。

> 半溪明月
> 一枕清风
>
> 在通向未来的道路上，每个人都是独行者。你的人生不会让你失望。那些错误的转折，那些流淌的泪水，那些滴下的汗水，使你成为独一无二的自己。

学习有可能欺骗你

□ 盛家飞

我的辅导员在群里分享了一篇文章。开篇讲述了一个名叫刘刚的人,他整天都在忙,生活日常被各种学习计划充斥,早晨一睁眼,先听60秒"罗胖教导";刷牙与吃早饭时,打开"喜马拉雅"完成30分钟的音频学习;然后出门上班,地铁上,再点开"知乎Live",听了三个知名答主的经验分享;中午吃饭与午休时间,又点开了"在行"抓紧学习《如何成为写作高手》。下班路上,又打开"得到"——"我在上面订阅了5个专栏";吃完饭打开直播,听李笑来的《普通人如何实现财富自由》。最后刘刚带着满满的充实感,终于无比欣慰地进入梦乡。

读完这些文字时,我的第一感觉,是这个人过得好累,可反过来想想自己,何尝不是一天到晚忙得不可开交呢?虽然不像文中说的那样夸张,可一天到晚被各种大小事情充斥着的生活,却是出奇一致的。

的确,我们都在忙,你为什么把自己弄得这么累啊?就像刘刚回答的一样:"时代变化得太快,担心自己的知识不够用。""别人懂的东西自己不懂,怕落后于他人。""未来充满不确定性,害怕自己被社会淘汰。"……

这其实是一种知识焦虑症。人们因为担心自己知识匮乏而落后于社会和他人,从而产生了一种心理恐惧。"我不想被超越,更不想被落下,唯一能做的就是紧跟这个时代,更加快速高效地吸收和学习。"

其实我们的这些看似"充实"的生活,看似在不停地学习进步,实际上只是一种假象,是一种自欺欺人。看见别人学英语,自己也跟着学英语;看见别人写作,自己也跟着写作;看见别人编程,自己也跟着编程……学完发现还是缓解不了焦虑。我们每天都在被各种事情缠着,应该坐下来想一想,自己究竟做成了什么事情呢?我们只会随波逐流,看着别人怎么做,自己跟着做，无非是一只无头苍蝇罢了。

之所以会出现这种情况，是因为我们没有弄清自己究竟想要什么，一个没有目标的学习方式，只能是徒劳无功的。

想想自己，自进入大学以来，也是忙得晕头转向，可回过头来想一想，也没干出任何成绩。一开始为了写作，绞尽脑汁好不容易写出一篇，开始忙着四处投稿，投给这家报社，投给那家杂志社，忙碌了一年多，到头来成绩平平。虽然说，我没有想过成为作家，可人的欲望是无限的，发表一篇，还想发表第二篇，进入市作协了，还想进省作协。既然当初没有想过成为作家，那为何又那么拼命去做呢？

同样，我又利用课余时间练字，硬笔字、毛笔字都写，终于有一天，自己加入了中国硬笔书协，第二天我就后悔了，原来这个虚名根本没有任何用处。

这种撒网式的速成学习法，只能由于自身容量不够而被撑破，我们接触着各个领域，学着各种科目，其实并没有学到知识，你得到的知识其实根本称不上知识，充其量只是信息。正如爱因斯坦说的那样："我知道的只是概念，你懂得的才是知识。"

所以，治疗知识焦虑症的最佳方式，就是你能在某个领域达到专业水平。请不要被眼前的各种"学习"迷惑，当你整天忙忙碌碌而越发空落的时候，不如停下来想一想，你究竟想要什么，想成为什么。有了目标才有航行的方向，专注于某一领域才能更有精力去把它做好。

所以，朋友，请不要一开始为了梦想而忙，到后来忙得忘了梦想。业精于勤，业精于细，业精于系统，业精于专业。

半溪明月
一枕清风
　　你可以拥有一段糟糕的经历，但是不能放纵自己过糟糕的人生，命运只负责洗牌，出牌的永远是我们自己。

纸做的梦想

□高佩箬

揉皱、抚平、边线对齐，罗伯特·朗纤长灵活的手指在薄薄的正方形纸片上来回穿梭，像弹奏一段美妙的旋律。一只惟妙惟肖的甲壳虫轮廓渐渐清晰，两根触角微微颤动，细细的足尖顶着精巧的小钳子，看起来宛如活物。

这是一门起源于13世纪的古老手艺，昆虫是其中难度最高的门类。

数百年来，折纸艺术家大多只能重复过去的100多种经典作品，却对这些结构复杂的小玩意儿束手无策。直到20世纪90年代早期，世界各地的折纸爱好者掀起了一场长达数年的"折纸昆虫大战"，朗才创造出新的折纸法。折一个新作品前，他需要进行精密计算，用铅笔和尺子勾勒出详细的折痕图，再按图操作。

那时，这个始终拼杀在"昆虫大战"最前线的瘦高美国人，还是圣何塞光谱二极管实验室的一名科学家。2001年，他决定放弃体面的职业，专注于"人生追求"。

如今，这位"不务正业"的物理学家已经创作出数百种复杂而精妙的折纸作品。其中有翅膀张开足有4.3米长的翼龙，也有小到只有0.5毫米高的鸟儿。随手拿出一件，能卖出几百甚至几千美元的高价。

罗伯特·朗志不在此。

从某种角度来看，不管多复杂的折纸都能被归纳为数学问题。从解析几何、线性代数、微积分到图论，数学彻底改变了折纸艺术。设计折纸时，一台计算机在几秒钟内就能解出一大堆方程式，比人伏案数周的烦琐分析更准确，也让艺术家有机会探索更多艺术空间。

朗开发了一款名为"树匠"的免费软件，折纸爱好者只要在脑海中构思好造型，在软件上输入尺寸信息，就可以生成折痕图。他编写的另一个程序则可以将特定的模型转换成一步一步的折叠指令。

折纸变得越来越复杂，也越来越实用。无数细密的褶皱里，藏着无穷无尽的可能性。

参考折叠昆虫足部的方式，朗帮助一家德国汽车公司设计了一款折叠得更加平整的安全气囊，大大减少了原设计占用的空间。

他还与一家医疗技术公司合作开发了一种可以折叠的网状心脏支架，可以通过细管从两根肋骨之间植入人体。

美国劳伦斯·利弗莫尔国家实验室邀请他，目标是把一个镜头直径100米、占地面积比标准足球场还要大的巨型太空望远镜折叠起来，装在3米宽的火箭里送入太空。尽管这个"眼镜"计划最终没有付诸实施，但朗因此成名。

凭借这门手艺，朗以专家的身份被老东家美国国家航空航天局（NASA）请了回去。他设计的太阳能板在发射时缠绕在卫星上，几乎不占什么空间，但到了太空后就能自动展开，表面积比过去的更大。

一开始用数学分析折纸，朗只是想做出更好看的东西。这位曾被质疑玩物丧志的科学家，真正把爱好"玩上了天"。

半溪明月 一枕清风

苏格拉底曾经说过，世界上最快乐的事情，莫过于为梦想而奋斗。一个人缺少了梦想这个指路牌，就会迷失方向，人生也会变得索然无味。唯独坚持梦想，最终实现梦想的人，才能体会到人生中这份美好的享受。

读书的微量元素

□ 刘 墉

我有气喘的毛病，尤其到冬天，常犯。但我吃完两帖"十全大补汤"后，气喘居然得到了改善。我问医生："怎么这些普通的树皮草根，对我好像有奇效？"那医生居然回答："八成碰巧里面有你需要的东西，只怪你平常太偏食了。"我立刻抗议说："我平常吃得非常小心，不吃肥肉，不吃糖，甚至不吃淀粉，吃得这么健康，怎可能缺什么呢？"那医生笑道："就因为你平常吃得太标准，像一个把教科书背得滚瓜烂熟，却从来不看课外书籍的好学生，除了课本，连最普通的东西都不知道。结果，树皮草根里正好有你从来都不碰，身体却需要的'微量元素'，就一下子把身体调养好了。"

是的，如果只读课本，虽然能应付考试，但是长久下来，会"错失"一些东西。在学校固然有课本，难道你进入社会之后还有课本吗？那时候就要看你平常"摄取"的能量，够不够丰富和全面了。

课外书籍，你既然因为喜欢而买它，就会以欣喜的态度去阅读；没有人规定什么时候非读完不可，于是你可以随时拿起、随时放下；你不必为考试而去背，甚至不必全都搞懂。但正因此，你达到了陶渊明"好读书，不求甚解；每有会意，便欣然忘食"的境界。而在那些课外读物中学到的东西，在某一天你跟人家比赛，势均力敌之际，可能就靠那"多出的一点点"而获胜。

所以，当你尚有余力时，一定要读课外书，随时保有读课外书的冲力和热情——看课外书籍能够帮助你感受时代的脉动。

蜗牛如果爬到山顶，就会和雄鹰看到一样的景色。

第五辑

转换思维，
困境时从容应对

躺在家里不会遇到好运

□艾小羊

我朋友圈的一个女生，活得像电视剧里演的一样。刚认识她的时候，她放弃了上海稳定的工作，在日本的一家料理店里帮忙。加了微信以后，发现她今天在京都，下周又去了北海道，一直在追寻着日本美食。有时候与店主谈得投缘，她就去帮忙，人家管吃，她不要钱，只为学几招厨艺。

她想开日料店，因为投资大，放弃了。后来她又去了印度、肯尼亚。我知道她不是"白富美"，有时候为她揪心，不知道她什么时候能上岸。

有一天，她忽然发微信给我，说她来武汉了，在地质大学学习珠宝鉴定。第二年，她开了家微店；第三年，有了南京的实体店，专卖非洲的蜜蜡、玛瑙。我说："你运气太好了，随便就玩出了两家店。"

"我一直在路上找机会啊。"她笑嘻嘻地说。

做白领的那几年，她是一个标准的"宅女"。生活单调无聊，工作早早碰到了天花板，想要改变，却真是"晚上想想千万路，白天继续走原路"。

"那段时间真的很懈怠，恋爱都懒得谈。直到有个同学来上海玩，住在我家，看到我的生活状态，严肃地说：'小秋，你躺在家里是不会遇到好运的。'"

从那以后，她逼自己走出去，先是报了日语班，然后找机会，去了日本。开始的几年，基本处在做什么都不行的状态。虽然见了很多世面，但也只是她觉得自己更好了，并没有带来人生的转折，更别提收益了。

直到在去肯尼亚的飞机上，遇到了现在的合伙人，她的好运才真正到来。

三年前，我正处于职业瓶颈期，决定开一家咖啡馆。当时我根本不知道这样做会有什么结果，只是觉得一来自己喜欢，二来投资不大，最不济也能带来一些写作素材。

当时很多人觉得我草率，但我知道自己必须行动。

咖啡馆，我开得不算成功。然而通过这件事，我发掘了自己写作之外的潜力——原来我口才不错，主持读书沙龙，从开始的如履薄冰到后来的轻车熟路；原来我还可以做生意，努力提供最好的产品，赚钱是水到渠成的事情。

走出在家写作的窄门，我的眼界变得开阔，机会越来越多，好运越来越多。

我们的起点都很低，不可能有一个完美的计划直指成功。我们像小树一样，一圈一圈地画自己的年轮，但只有走出第一步，哪怕失败了，你才知道第二步该如何走。

2017年，团队的小伙伴，一个考了在职研究生，一个在学法语，另外一个跟我去了趟台湾，回来报了摄影培训班，立志下次把我拍得又美又瘦。

"你说我学法语，对工作有用吗？"准备学法语的L问我。

"别想了，去学就是。"这是我的答案。

人类的想象力是有限的，世界却是无穷的，你永远不知道自己迈出这一步会遇到什么，所以我更喜欢那些想做就做的人。

我们绝大多数人的人生，很难上升到拼决策的层面，而只能拼行动力。行动力强的人，遇到的失败也多，所以你常常看到那个躺在家里的人，嘲笑去行动的人：你瞧，失败了吧？

三五年后，躺在家里的人依然躺在家里，而走出去的人，虽然没有抵达他最初想去的地方，却阴差阳错地遇到了别的机遇，开启了规划外的精彩人生。

> 温柔轻盈
> 缓慢坚定
>
> 要把所有的夜晚归还给山河，把所有的春光归还给疏疏篱落，把所有的慵懒沉迷和止步不前归还给过去。明日之我，胸中有丘壑，立马振山河。

给差生的奖学金

□胡征和

说起奖学金，人们马上就会联想起学霸，因为那是学霸们的兴奋剂。而如今，寂寂无名的差生们也迎来了自己的狂欢，有了属于他们的奖学金。

2017年6月初，微信公众号"我要What You Need"（你需要的东西）设立了"学渣奖学金"，专门奖励那些虽然绩点低，但一直坚持做一件有意义之事的大学生。申请"学渣奖学金"的规则很简单：学习绩点不高于3.5（5分制）；正在坚持做一件有意义的事；在校大学生，包括大专学生。所谓"有意义的事"可以是你的爱好、你的创业、你的爱情，甚至是你玩的游戏。申请这项奖学金的唯一要求就是：你必须是认真地在做这件事。

这个已拥有百万粉丝的微信公众号团队最初是由5位暨南大学的学生于2014年建立的，他们毕业参加工作后，成立了文化传播公司，定位为"一个年轻人的聚集地"。说起"学渣奖学金"，团队主编陈裕明有话要说。

大二时，陈裕明带着创业项目去申报奖学金，老师翻看材料后，表示其他学生绩点更高、奖状更多，获得奖学金的胜算更大，所以无法批准陈裕明的申请。那时，陈裕明就下定决心：总有一天，我要设立一项奖学金，而且只有我能拿到。他希望奖学金的考量标准是：是否在追求自己喜欢做的事，并取得一些成绩。现在，这项奖学金终于诞生了。但陈裕明希望奖学金获得者以此为起点，坚持自己的兴趣爱好，不被在校成绩、家人期待等条条框框束缚，并以此向身边的人宣告：虽然试卷上成绩不佳，我们也会在其他事情上做得很好。陈裕明是这样说的："我们的团队成员不想当评委，只想做一个记录者，写下当代年轻人真正的想法。如果找到了这样的人，我们愿意支付一笔鼓励他的奖学金。"

在第一期奖学金评选活动中，陈裕明团队最终选出了3名奖学金获得者，并用公司收入支付给每人8000元奖学金。这期评选活动共收到了3388份申请。申请者有坚持3年延时摄影和星空摄影的，有穿着自制的钢铁侠盔甲在路上旁若无人行走的，还有每天在陌生人面前演讲的口吃患者……这些"学渣"其实就是一群专注于自己爱好的人，所以在某种程度上，他们不够专注于自己的校内功课。

事实上，陈裕明一直认为，"学渣"只是一个代号，是在互联网中众多学生的自我调侃，这些学生就是一群对成绩不太积极、在大多数学校容易被忽视的人，但他们中的很多人在认真地往自己喜欢的方向发展。从多元评价来看，这群人在其他方面是有所作为的，也是优秀的。陈裕明表示："希望我们的环境能更加多元，我觉得生活态度不应该只有一种。"

有人直指陈裕明与学霸们对着干，倡导"读书无用论"。陈裕明对此从容纠偏，他表示自己从未否认学霸为学习付出的努力，只是希望奖学金能覆盖更加多元的学生，他说："这个世界上已经有太多的奖项，专门为成绩优异的学霸设立。那些同样认真做事与创造的人，也应该被奖励，而且是通过一种备受尊重的方式。"这话说得地道实在，有情有理，就连不少学霸也表示支持。获奖者之一的于普泽，是江西科技学院市场营销学的专科生。他将整个大学时光都"耗"在了赛车上，与朋友成立了"路飞科技有限公司"，专注于赛车零部件的研发，并获得"互联网+"大学生创新创业大赛等多个省级奖项。但他的到课率低、挂科多，所以他表示自己是一个地道的"学渣"。"学渣奖学金"的设立让他备受鼓舞，于是他决定发奋补考，最后通过了所有挂科科目，他说道："这份认可让我在赛车这条路上比原来更多了一分坚持。"

而那些非"霸"非"渣"的"夹心层"学生，不但没有被遗弃感，反而说自己深受启发，一定要找一件自己喜欢的事，坚持做下去。虽然拿不到那8000元的奖学金，但坚持做好一件事的价值远远高于8000元。

"学渣奖学金"已经开始运行，而正确打开方式是：在喜欢做的事情上找到意义，并努力做到最好。

温柔轻盈 缓慢坚定 当你决定灿烂，山无遮，海无拦。

一路追猴的女孩

□成晓雷

24岁，一个如诗似歌的年龄，但她与大多数女孩的追求不同，她的脚步不在霓虹闹市，而在山谷丛林。她出生于成都，小时候最喜欢的电视节目是《动物世界》，每当在电视里看到动物的悠闲自由，她就满怀兴致，朦朦胧胧感受到了大自然的美妙和谐。

19岁时，她被美国科罗拉多学院人类学专业录取。但学习一段时间后，她发现自己并不喜欢这个专业，于是深感失落、迷茫。

大四那年，她和同学来到东非大草原坦桑尼亚进行为期4个月的人类学调查。在一望无垠的草原上，她用望远镜看到了悠闲踱步的大象，温驯优雅的长颈鹿，追逐嬉闹的狮群，种种景象令她兴奋不已，儿时的兴致被骤然激活。那晚，她思绪纷飞，一夜无眠。

返回学校后，她做了一个大胆的决定：改换专业，转攻动物学。于是，她选择了自己最喜欢的灵长类研究方向，打算探索猴子的世界。她的决定让导师和同学深感惊诧，毕竟不足一年就毕业了，这个时候调换专业，很不可思议。对此，她没有过多解释，其实答案，就在她清澈的眼神和浅笑的酒窝中。

大学毕业后，她没有返回老家，而是直接飞往泰国碧武里动物保护区，跟随一名老师对当地短尾猕猴进行了数月的观察研究。当时，与她一同研究的学员，还有3名男生和1名女生。

他们的住处离周边最近的一家超市差不多5公里远，生活条件极为艰苦。更难以忍受的是持续的酷暑，烈日的火舌几乎舔舐着保护区的每一个角落，有时即便躲进树荫，也感受不到一丝凉意，虽然她事先准备了很多防晒霜，但娇嫩的皮肤还是很快被晒伤了。

保护区位置偏僻，四面环山，树木葳郁，蚊虫成患，白天进山时，备用的驱蚊水尚能勉强应对,若天黑再不出山,驱蚊水就无济于事了,刚来不久,她的手脚就被蚊虫叮咬得红肿一片。

最初,老师原本安排男生去追踪观察猴群,女生只管记录,但她果断拒绝了老师的好意,说自己想更深入地研究猴子的习性,希望能像男生一样上山下山,出林入林。于是,每早天刚透亮,她就踩着登山鞋,穿上防晒服,戴着枝条编成的草帽,不知疲倦地在山中追猴。

追猴子,是一项极为艰苦的体力活,保护区有300多只猕猴,分成5群,遍布在三四座山上,动作敏捷的猴子时常在不同的山头翻越,而且它们生性顽皮,经常在山顶吃了几口食物后,便跑到山下,玩一会儿,再爬上山继续吃。猴群的任性可累坏了她,由于山间没有人行路,她只能手持镰刀,一边砍着挡路的树枝,一边追赶猴子,手臂时不时地被树枝刮伤,鲜血直流,有时攀爬,还会一脚蹬空,摔得鼻青脸肿。然而,这些困难都无法熄灭她探索猴群的激情,她看似柔弱,却拥有一颗百折不挠的心。

有一次,她在追猴时体力透支,中暑倒地,幸好被附近的男生及时发现。男生们怜香惜玉,经常劝她注意休息。但后来,就再也没有人劝她了,因为环境艰苦,3个男生都放弃了考察,相继离开,最后只剩下她和那个只管记录的越南女孩一直坚持着。

考察结束后,她足足瘦了10多斤,又黑又瘦,不过努力终于得到了回报,她凭借优异的笔试成绩加上这次考察的光鲜履历,被伦敦大学皇家兽医研究生院录取。

然而,接到录取通知书后,她没有选择在家休息,而是趁着开学前的空当,马不停蹄地跟随中山大学的研究生前往内伶仃岛,去观察瘦小的粉脸猕猴。可以说,自从与猴结缘,她几乎从未停止过追猴的脚步。

当有记者问她,一路追猴,何以不忘初心,砥砺前行时,她微笑着说,自己追随的是内心的声音,一切动力都来自"梦想的力量"。

> 温柔轻盈 缓慢坚定
>
> 人生永远没有太晚的开始,只要你勇于迈出第一步,人生的风景就永远是新奇的、美妙的。

三大心态

□尤 今

来到了阿塞拜疆西北部的城市舍基，下榻于民宿。

这座石砌的古老屋子，有五个大房间。房东在花香和果香氤氲的庭院里，设了桌椅，让倦游归来的房客歇息。每回我们一坐下，热诚的房东依格尔便会为我们沏一壶热茶，与我们聊天。

40余岁的依格尔说英语时，不但用词漂亮，而且文法准确。在英语不通行的阿塞拜疆，这是很不寻常的。令人费解的是，他从来不曾在任何语言学校接受过正规的教育，究竟是如何把英语练得如此炉火纯青的呢？

他表示，学习语言，必须具备三种心态，那就是猎人心态、蝙蝠心态和蜗牛心态。

"猎人心态"至为关键，他说："地上的走兽、天上的飞鸟，都不会自动扑到猎人的枪口上。猎人必须主动出击呀！"

在语言学习的道路上，他这个"隐形猎人"所要积极猎取的，是机会。他说："我不放过任何一个即使是最细微的机会。"

年轻时，依格尔在一所学府的食堂里当助手。忙完厨务之后，其他人打盹休息，可他不。征得学府管理层的同意，他到课室里当旁听生，从零学起。这堂课听完了，他便溜进别的课室，继续听、继续学。

"我不想一辈子待在厨房里与炊烟纠缠不清。"他说，"我一直有个梦想，我想拥有一家旅馆，与来自世界各国的游客打交道，让他们来到阿塞拜疆有宾至如归的感觉；而要实现这个梦想，我就必须先以英语来武装自己。"

原来，追逐梦想是他学习最大的驱策力啊！在猎取到了难得的学习机会后，他便积极发挥"蜗牛心态"了。

"蜗牛每天顶着沉甸甸的硬壳，坚持不懈地爬行。当来到一堵高墙前面，它们选择的不是打退堂鼓，而是勇往直前，攀爬而上，那种顽强的斗志，是很好的学习楷模。"依格尔滔滔不绝地说道，"学习语言，最忌讳的便是三天打鱼，两天晒网。就算学习的速度比蜗牛还慢，依然必须坚持每天学习。"

他进一步指出，如果光靠坚持而没有爱，学习就会变成一大苦差；一旦撑不下去，便溃不成军。

对依格尔来说，广播、电视、电影，全都是"寓娱乐于学习"的大好教材。他反对"苦背字典"的刻板方式，他说："一个字一个字地学，太枯燥了；再说，单字是为句子服务的，倘若我们连词带句地学，不但可以学到文法，还可以兼而学到优美的表达方式。"

在学习的过程当中，依格尔讲求的是"蝙蝠心态"。

"蝙蝠，是所有的哺乳动物当中听觉最为敏锐的。蝙蝠的耳朵，具有非常精细的超声波定位结构，它分辨声音的本领很高。"他口沫横飞地解释道，"一开始学习语言，我便养成了像蝙蝠一样的习惯——屏气凝神地听，聆听对方的讲话内容，也仔细分辨对方的口音。如此经过多年的自我训练，现在经营旅舍，不管下榻者是哪一国人，也不管他有啥地方口音，通通难不倒我！"

谈到这儿，几名来自美国的房客回来了，他飞快地站起来，说："我给你们沏壶茶！"

把茶端来之后，他急切地问他们对舍基这地方的看法。

他把每一名房客当成他的老师，把每一次交谈看成他的语言课。

我在他灼热的眸子里，看到了猎人扑向机会的敏捷，看到了蝙蝠心无旁骛的专注，也看到了蜗牛匍匐而行的坚韧。

温柔轻盈
缓慢坚定

你会在深夜和清晨的读书声里，实现自己的梦想，一笔一画，一字一句，奋斗的时光不会负你。

退堂鼓

□吴淡如

我打过很多次的退堂鼓：发现自己生性愚鲁，所以放弃学钢琴；发现自己身段不够矫捷，每次上课都搞得腰酸背痛，所以放弃学舞；发现那人的人生目标与情趣和我相差甚大，所以放弃爱情。

放弃，没什么不可以，但我不允许自己因为恐惧或忧虑而放弃自己真正想做的事情。如果只是因为害怕而打退堂鼓，牺牲我真正有兴趣的事，我会很难原谅自己。如果不能自己消除恐惧，那样的阴影会跟着你，变成一种逃也逃不了的遗憾。我实在不希望自己到了七老八十，才用苍凉的声音说："我本来想当一个作家的……"

我们总不会因为怕人家嫌自己丑而永不出门。不要因为恐惧空难而不敢去旅行，一生一世掩藏着自己渴望看到新奇事物的心情。不要因为恐惧失望而害怕爱情。以此类推，很多恐惧都会被击破。

人生中有不少潜藏的恐惧，有的是因自己的怯懦而产生，有些是外力在我们成长的过程中所加诸的阴影，但如果我们不正眼看它，正面迎它，而只想处处躲它，我们终会发现，地球真是圆的，世界还真的很小，我们的心逃无可逃。

温柔轻盈 缓慢坚定

永葆少年气，是历尽千帆、举重若轻的沉淀，也是乐观淡然、笑对生活的豁达。

做一个最好的你

□ [美] 道格拉斯·玛拉赫　译/袁玲

如果你不能成为山顶上的高松，
那就当棵山谷里的小树吧，
但要当棵溪边最好的小树。

如果你不能成为一棵大树，
那就当一丛小灌木，
如果你不能成为一丛小灌木，
那就当一片小草地。

如果你不能是一只香獐，
那就当尾小鲈鱼，
但要当湖里最活泼的小鲈鱼。

如果你不能成为大道，
那就当一条小路。
如果你不能成为太阳，
那就当一颗星星。

决定成败的不是你尺寸的大小，
而在于做一个最好的你。

> 温柔轻盈
> 缓慢坚定

一直站在树上的鸟，从不害怕树枝会断裂，因为它相信的不是树枝，而是自己的翅膀。这世界没有奇迹，只有自己的努力和坚持的勇气。

不拒绝成长的邀请

□苏 岑

任何发生在你身边的事情，都是对你成长的邀请。

有一个小孩，他的母亲是喜剧演员。有一天，母亲嗓子哑了，在台上说不出话来，底下的观众发出一片嘘声。小孩在幕后看着妈妈被一群人起哄，想到自己平时经常听妈妈唱一些歌曲，耳濡目染久了，也会哼一些，就大着胆子跑到台上，代替母亲表演。

他虽然是第一次登台，但毫不怯场，唱起了家喻户晓的歌曲《杰克·琼斯》。没想到，一曲歌罢，他竟把全场的观众镇住了，观众发出叫好声，纷纷往舞台上丢钱。于是他又连唱了几首名曲，成了当晚最耀眼的小明星。

后来，他用肥裤子、破礼帽、小胡子、大头鞋，再加上一根从来都不舍得离手的拐杖，创造了一种独特而又戏剧化的表演方式。他就是天才的电影喜剧大师卓别林。

70岁生日当天，这位年已古稀的艺术家，在历经沧桑之后，内心无比宁静平和，写下了这首家喻户晓的德语诗《当我真正开始爱自己》："当我开始爱自己，我不再渴求不同的人生，我知道任何发生在我身边的事情，都是对我成长的邀请。如今，我称之为'成熟'。"

其实，当你开始发现生活的激情时，才能充分认识自己，才能找到适合自己的一切，比如兴趣爱好、职业方向、事业梦想、人生伴侣等，并领悟到人生的真谛和活着的意义。我的一个朋友，发了一条微博说："其实，这个世界从来不曾为你改变。"

是的。世界很大，人来人往，又有多少人能看见你？你的彷徨，你的失落，你的孤独，其实都源于你的内心。

尼采曾说，在生活的价值体系里，财富和权势都是末，心灵的舒展才是本。

你只有建立一个稳妥的、有内在支撑的系统，才能对抗这个世界的无序与纷乱。而在这个价值体系里，目标之于你，激情之于生活，都有非凡的意义。

25岁时，我离开了一家世界500强的外企，成为一家媒体的主编。我主动跟老板申请开发大型活动这块媒体业务。我还记得第一次去向投资人讲解活动策划的场面。面对满满一屋子的人，我紧张得声音发抖，那时候不会想到，三年后，我会站在清华大学EMBA（高级管理人员工商管理硕士）班的讲台上，为各商业领域大咖学员们讲国学课程。30岁之前的我，已然过得精彩纷呈。

经常会被问道："凭什么你可以有这样的成绩？"

每次我都坦然作答："因为我活得够世俗。"

我的成长比别人更艰险，我经历了比别人更刺骨的尴尬与摔打，所以今天，我才有底气告诉你，哪些弯路，可以绕开。30岁前，我曾经告诉自己：情调、品位，这些灵魂的工程，我留待40岁后去慢慢享用。在此之前，我会用好世俗的规则。

我了解世俗的规则，也懂得世俗外的享受，深切地明白，如果没有足够的力量赢得生活，那一切优雅的享用，都会转瞬即逝。美是一种力量，我不欣赏任何软绵绵的优雅，因为我知道：我能驾驭的，才是我拥有的。

我们都需修炼，在尘世的烟火中，修炼出一颗颗通透的心。我一直梦想成为这样一种人：可以很世俗，却又似在世俗之外。

希望你也可以，活成自己梦想的样子。虽然在此之前，我们要像俗人一样，活得足够努力。🌱

温柔轻盈 缓慢坚定　失败只是暂时停止成功，假如我不能，我就一定要；假如我要，我就一定能！

"大时间"和"小时间"

□刘　墉

很多很多年前，纽约市财政困难，碰上冬天特别冷的时候，公立学校会突然宣布放假一个礼拜，号称"省油假"，真正的目的是那个礼拜可以把学校的暖气温度调低，省下不少买柴油的钱。

有一个十五六岁的男生，回家告诉他爸爸，放"省油假"了。

"一个礼拜的假，加上前后的星期六、星期天，足有九天假，你有什么计划吗？"男生的爸爸问。

"我就知道你会问我这问题。"男生得意地说，"我早想好了。第一，我要准备功课，因为放完假第二天就要考试。第二，我要去图书馆借一本世界名著。第三，我要找同学聊天，看场电影。"

"好极了！"他爸爸点点头，还赏了男生二十美元。

转眼六天过去了，男生突然要他妈妈开车送他去图书馆。被他爸爸听到了，问："才借来的书，就要还了吗？"

"不是还书，是要借新的书。"男生喊，"我要写参加'西屋科学奖'评选的报告，要借好多参考书呢！"

妈妈赶快带他去图书馆。只是绕一圈，没借两本，因为重要的书都被别人先借走了。他们只好去书店买，花了一百多美元。

男生利用剩下的两天假日，不眠不休地又读又写，总算在星期一清晨写完一份报告，打个小盹，就赶去学校交了。

当天放学，听到男生进门，爸爸、妈妈和奶奶都急着叫他赶快吃点东西去睡觉。却见男生一皱眉说："不能睡啊！我得准备明天的考试。"

他爸爸跳起来问："你不是一放假就准备了吗？"

"是啊！"男生哭丧着脸说，"可是，经过一个礼拜都忘得差不多了。"

你说男孩那样计划九天的假期，聪明不聪明？不聪明！

因为他没有分事情的轻重缓急，没有把时间分成"大时间"与"小时间"。如果他能一放假就去图书馆借书，一次把写报告的参考书和消遣的小说都借来，先看参考书，用六七天去写报告，中间找同学聊天、看场电影，翻翻小说散心，再利用最接近考试的两天准备考试，不是好得多吗？

他的错在于用大而完整的时间，做了细碎的小事，却等"事到临头"，才用有限的两天，赶大的报告。这样赶出来的东西，怎么可能得奖？不眠不休好几天，再准备考试，效果又怎么会好？

再举个例子——

有一年我带妻子到丹麦旅行，中午抵达哥本哈根，导游说下午自由活动，又指出美术馆和游乐园的位置，要大家自己决定去什么地方。我们吃完午餐后立刻赶到美术馆，出来已经黄昏了，便去游乐园，并在里面吃晚餐。

晚餐时碰上几个同团的朋友，他们问我去了什么地方，我说去了美术馆，还拿资料给他们看。就见他们传来传去，露出十分羡慕的样子，又议论明天早上是否还有时间。问题是第二天美术馆十点才开门，旅行团九点半就要去挪威了。

后来我才知道，他们下午在旅馆四周的艺术品店逛来逛去，耽误了去美术馆的时间。而我，晚餐后再逛商店，居然还给太太买到一串带小虫的琥珀，给女儿买了个"益智积木"，没比他们少看到什么。

第二天，当游览车从美术馆前开过，只见那几个人摇头叹气。你说，他们为什么错过机会？因为他们没能把握"大时间"逛美术馆，而在"大时间"做了"小时间"（逛商店）的事。

中国有句俗话——"杀鸡焉用牛刀"。只是许多人在用时间上，都犯了"杀鸡用牛刀"的毛病。等到杀牛的时候，却发现只剩杀鸡的小刀。所以当你有一段假期，别急着办小事。静下心想想，有多少需要"大时间"完成的大事。先把那些大事完成吧！

温柔轻盈 缓慢坚定 勇敢是一种选择，面对困难，选择站立不倒，你就已经胜利了一半。

水稻里的"弱者"与"强者"

□王小燕

国家种质库主任钱前院士在参加一档节目时讲了一件小事。他还是研究生的时候，做水稻培育实验，专门挑的是不起眼的"弱苗"，比如，矮的、小的，都是成功率不太高的。他的老师很不理解，就问他："你怎么找的都是一些'要死不活'的种苗？现在的主流都是做高产优质的研究，而你做这些实验，到底有什么用呢？"

钱前院士说他当时没敢说有用，但是，现在他对大家说："这确实有用。"

钱前院士拿出两把水稻苗，从品相上看，并无差异。可是他做了一个动作后立见分晓。其中一把水稻苗，从中间一折，水稻苗特别柔韧，怎么也折不断；而另一把水稻苗，轻轻一折，只听"咔嚓"一声，就断成两截。

"这种一折就断的水稻苗，纤维素含量很低，因为秆太脆弱，结不了多少稻粒，它算是水稻里的'弱者'了吧！"钱前院士说，"但是，它有用。"

原来，他们在南方发展农业生态系统时，要在水稻田里养鱼，通过稻鱼共生，建立生态平衡系统。所谓"稻鱼共生"，就是相互利用，共同生长：水稻为鱼类提供丰富的稻花和有机物质，水稻吸引来的各种昆虫成为鱼儿的天然食物；同时，鱼给水稻提供天然肥料，鱼的游动又会翻松泥土，促进肥料分解，增加水中氧气，更利于水稻的生长。"稻鱼共生"，不仅让老百姓增产增收，还能保护生态环境。而这种一折就断的水稻苗，看似"又脆又弱"，其实它是草鱼最优质的饲料。每年稻谷收割后，就把这种青色的稻草打成饲料来喂养草鱼，因为它含的纤维素少，又脆又嫩，鱼最爱吃，而且，用它喂养的鱼，鱼肉鲜嫩，营养价值很高。

所以说，要是在大田里种植水稻，这种产量不高的水稻，就是"弱者"；但要在"稻鱼共生"生态系统方面，它就是"强者"。

现场观众很好奇："钱院士，你当初是怎么想到要挑选'弱苗'来做实验的？"

钱前院士诚恳地回答道："因为我曾经也不是一名特别优秀的学生。大概在上小学四年级的时候，我逃学了一个学期，当时可能是叛逆期吧。我在成长的路上，经历了许多挫折，所以我对待水稻时，总能感同身受。只要善于发现优势，有时候，'弱者'也能变成'强者'。"

其实，优点和缺点是相对的，天生我材必有用，只要找到自己的优势，"弱苗"也有用武之地。

温柔轻盈 缓慢坚定

愿中国青年都摆脱冷气，只是向上走，不必听自暴自弃者的话。能做事的做事，能发声的发声。有一分热，发一分光。就像萤火一般，可以在黑暗中发一点光，不必等候炬火。此后如竟没有炬火，我便是唯一的光。

这事，在我努力的范围内

□ 韩大爷的杂货铺

外在条件有缺憾不可怕，由于担心而对自己丧失信心才最可怕。

记得当年参加高考的前一晚，我整整一宿都没睡着觉。当时压力太大，我用尽各种方法开导自己，还是无法做到云淡风轻。那是我第一次体会到这个世界上有人解决不了的问题。

随着千钧一发的时刻向我缓缓逼近，我真的有点儿慌了，更有些害怕，怕的已经不是高考本身，我怕我因为害怕，导致睡眠短缺，大脑短路，发挥失常，输在起跑线上。

那天夜里，我辗转反侧，心里敲鼓似的自言自语：怎么办？怎么还睡不着啊？这样熬到天亮就全完了……快到凌晨一点的时候，心里焦灼到极点，索性坐起来。

这时，我发现了一本躺在练习册旁的杂志。那是一本很普通的廉价刊物。我随便翻翻它，打算打发一下时间。

结果翻开的第一篇文章，就把我给救了。

我至今还记得那是一篇某个中学老师写的稿子，大致是说：考生如果在考试前睡不着觉，完全没必要担心，实在睡不着就躺在床上，闭目养神就行。据他的经验，人合眼一整晚，哪怕始终没有进入睡眠状态，但精力还是会在这个过程中储存百分之八十，完全够支撑接下来24小时的所有正常脑力与体力活动。

这条信息对我来说真的是一根救命稻草，心神一下子就稳住了，彻底放下心来，洒脱地躺在床上：不管了，闭眼挺一晚上，是死是活明天见。

养神养到天光大亮，我拖着雕塑般的身体来到食堂。

真的没影响吗？怎么可能？我当时已经感觉到脑子有点儿不管用，打饭都打重样了，但还是在心里给自己打气：没事没事，休息了那么久，把上午的考试应付下来，还是够的。等中午好好睡一觉，我和大家就回到了同一起跑线。

第一科考语文时，平时一道十分钟就能做完的题，我足足用了四十分钟，手已经不听使唤，写字都是歪的。

但甭管如何磕磕绊绊，那篇文章还是死死地帮我守住了最后一道心理防线，每次要崩溃弃考的时候，心里总有声音会拉自己一把：没关系，一晚没睡着不影响什么的，咱们前提条件不输给任何人，继续干。

说来也巧，真的是只有那一道题把我困住了，绕过它之后，我几乎用光速赶上了答题进度，作文只用了半个小时，当我噼里啪啦地写完最后一个字的时候，铃声响了。

我在心里告诉自己说：咱熬过去了。

那天中午，我睡得特别香。

记得出成绩的时候，父母就在我身边，他们很奇怪：其他科目估得都挺准的，怎么语文低估了15分？

是的，我在估算语文分数的时候，还是担心失眠带来的失常发挥，特地在心里给它留下了一个犯错空间。

然而结果是：一切正常。那篇半个小时完成的作文，推算下来，几乎拿到了满分。

虽然顺利考上了重本，但爸妈心里还是有点儿遗憾，毕竟孩子估低了分数。我却高兴得像个傻瓜，我很庆幸自己在高考前一天晚上摸到了那本杂志，看了那篇文章，并且信了上面的话。

比这更让人欣慰的是，我彻底想明白了一个理儿：出发得不完美，一样能够漂亮抵达；外在条件有缺憾不可怕，由于担心外在条件的缺憾，而对自己丧失信心，进而阻碍行动，才最可怕。

> 温柔轻盈
> 缓慢坚定
>
> 坚持不下去的时候，请告诉自己：昨天下了雨，今天刮了风，明天太阳就出来了。

从前，真的很慢

□蒋 曼

美食博主制作的咸鸭蛋要从养鸭子开始。弹幕上有人抱怨：吃一个咸鸭蛋，居然要等两个多月，还不算养鸭子的时间。后面有人回答：我们以前自己做咸鸭蛋，从秋天看着鸭子下蛋，然后一天天收集，再用黄泥巴加盐包起来，确实要搁到初冬，才会变成美味可口的咸鸭蛋呀。

今天的年轻人被速冻食品和外卖训练的大脑，很难理解曾经许多食物的制作，实际上真的很慢，必须有足够的等待时间。我们被省略的时间恰是他人奋力工作的阶段。今天，我们只参与了其中的一个节点，用金钱强行裁剪。一个按键，就可召之即来。失去的不仅是耐性，我们正在失去对许多事物刨根问底的兴趣。

一位朋友回自己的家乡，喝到一碗味美甘甜的鸡汤，随口问："加了什么？"邻居笑意盈盈："只有腌了14年的橄榄。"珍贵的哪里只有时间，还有等待的耐心和对万物的怜惜眷爱。

所有完整的生命当然有始有终。一封信要写好几天，才能在字句的反复斟酌中妥帖安放情感。还要在路上风餐露宿，才能把一颗心带到另一颗心的身边。修房子要先从种树开始，做棉被要从种棉花开始。那些过去的日子，衣食住行都要享受恩泽的人亲自参与，不得假以人手。我们是享受者，我们也是创造者。

从前，我们真的过得很慢。夕阳的余晖要在西边徘徊好久，天空才会暗淡下来。我们看得见每一束光线的明灭，每一颗星星从夜幕中现身，每一轮月亮的损益。

要努力，但是不要着急。繁花锦簇，硕果累累，都需要过程。

最短的道路

□魏悌香

若干年前，英国《泰晤士报》曾出了一个谜题，公开征求答案，题目是："从伦敦到罗马，最短的道路是什么？"

很多人拿着地图研究，试着从地理位置上找答案，结果都落选了。

获奖的答案是："一个好朋友。"是的，一路上有好友相伴，沿途说说笑笑，很快就可以到达目的地。

有一句话说得真好："一个人走，走得快，但是一群人走，走得远。"

的确，没有人软弱到不能帮助别人，也没有人刚强到不需要别人的帮助。人生的旅途上少不了朋友的相伴，可以一起分享快乐、分担痛苦。因为分享的快乐是加倍的快乐，而分担的痛苦却是一半的痛苦。

花一些功夫，为自己找几个志同道合的朋友；也花一些功夫，努力成为别人的朋友。

> 温柔轻盈
> 缓慢坚定
>
> 成长之路，是一个不断战胜自我的过程。路要自己一步一步去走，坎要自己一个一个去过。每个人身上都蕴含无穷的潜力，只要你肯突破、常勤勉、去行动，终会离梦想越来越近。

哪有什么顺其自然

□艾小羊

每年年初，我都会做一张表格，列出自己最喜欢的词与最不喜欢的词。在我看来，它比新年计划有用。计划总是赶不上变化，何况对于按部就班生活的人来说，每年要做的事其实差不多，区别不在于事情本身，而在于态度与心境。

今年，我最讨厌的词是"顺其自然"。在20岁的时候，这是我最喜欢的词。与男朋友吵架，闺蜜让我去沟通，我说："得之我幸，失之我命，顺其自然吧。"结果真的"失之我命"了。去广告公司应聘，面试的时候堵车，我眼睛一闭，顺其自然好了，结果真的迟到了。

读大学以及大学刚毕业的几年，觉得顺其自然是一种洒脱的生活态度。结果顺其自然地混到30岁，忽然有一天睁开眼睛发现，公司要倒闭了，而自己连一技之长都没有。为生计发愁的时候，我妈宽慰我："别担心，船到桥头自然直。"可是，你得先拼命把船划到桥头才行啊！

我喜欢过王菲，她那副爱谁谁的样子，似乎永远在说"急什么，船到桥头自然直"。幻乐演唱会"车祸事件"以后，我认真研究了王菲的履历，发现她年轻的时候真的很努力。刚到香港，她的粤语、英语都不好，虽然天生一副好嗓子，但跟经纪公司闹解约，负气去了美国。到美国她也不是随随便便学个服装设计之类，而是进修音乐方面的相关课程。

一个人成功以后，可能会制造一种顺其自然的假象，显得一切毫不费力，这样才与众不同。其实人生的每一步，都是九死一生，哪有什么顺其自然！从大的事业到小的生活，没有什么事只靠顺其自然就能成功。一切的好都是强求，强求得来是成功，强求不来也自有收获。

顺其自然与好运气一样，是强者的谦辞、弱者的借口。人们对于辛辛苦苦获得的成功总觉得没有神秘感，所以永远有人告诉你："我迈开了第一步，顺其自然就到达了山顶。"当你学会透过现象看本质，就会明白：现象是万花筒，以奇取胜；本质却永远单调枯燥，没有捷径，没有传奇。

只有对完全不在乎的人与事，你才能用顺其自然这么糟糕透顶的态度去对待；略微有价值的情感、目标、人际关系，都不应该顺其自然。

顺其自然，不仅会让你的人生走下坡路，还会让你的生命失去活力。人的幸福感，是从微小的成功与慢慢地变好中获得的。生命的活力同样来源于那些小的成功与改变，当你坚信生命价值的时候，就是那些你原以为做不到的事情，最终做到了的时刻。这种时刻，艰辛的过程会变成漫天绚丽的烟花。

80岁以后再说什么顺其自然吧。也许对于我们这代人，即使到80岁，也没有机会顺其自然。谷歌首席未来学家雷·库兹韦尔预言，人类有望在2029年开启"永生之旅"，医疗水平与生物技术的发展，至少会让人的寿命达到150岁。

凡事努力争取，即使没有达到预期的目标，也能拓展你的体验与能力，产生失败的美学。一个充满活力的生命，一点一滴地克服原生家庭的影响与性格的缺陷，一步一步地接近心目中那个更好的自己，一分一秒地与懒惰、灰心丧气斗智斗勇，无论结果如何，都是一部好看的励志电视剧。

记住，世间一切的美好、成功、顺利都是强求来的，无论你命有多强，顺其自然走的永远是下坡路。🌱

温柔轻盈 缓慢坚定 实现梦想的过程从来都不是轻轻松松的，你要打败很多迷茫、委屈、懒惰和软弱，你可能随时要给自己打气、加油，努力管住那个想退缩的自己。

用我的一辈子去画你

□本　心

在荷兰乌德勒支的每一个清晨，总是有一位白发苍苍的白胡子爷爷，骑着自行车在小镇的路上慢慢穿行。

这时候，所有看到他的人都会微笑起来，小朋友也会跟在他的身后奔跑，并且快乐地呼喊着他的名字："米菲兔爷爷、米菲兔爷爷……"

他就是"米菲兔之父"——荷兰艺术大师迪克·布鲁纳。

迪克出生在一个富裕的商人之家，父亲经营着荷兰最大的出版社。因为是家里的长子，迪克的父母希望他日后可以继承家族产业，参与出版社的管理和经营。对于喜爱画画的迪克来说，父母给他选择的这条继承之路让他非常抗拒。在他的心里，画画已经成为生命中一个坚如磐石的信念，他不仅热爱，而且愿意投入一生去坚持！迪克的这种态度，让父母大为恼火。为了让迪克死心，他们以断绝经济来源为威胁，并强制把他送到伦敦、巴黎等地学习出版专业。

什么事情都不可能改变迪克学习画画的决心。出国学习的那段时间，他一有机会就溜到美术馆和博物馆去看名家的画作，一待就是一整天。为了学习一种画画的技法，他经常不吃不喝反复模仿。二战爆发以后，迪克被迫中断学业，回到荷兰，迪克家的出版社也暂停营业。这是迪克最快乐的一段时间，没有人再强迫他做讨厌的出版工作了，他开始潜心钻研绘画。迪克没有老师，就自己看书学习；不懂光线阴影，就找来大量图片自己揣摩。心里想到什么，就立刻画下来，不满意就一张一张从头来过。

伦布兰特和凡·高的画集被他翻了无数次……他的坚持终于打动了家里长辈，1951年，父亲答应了他放弃继承家业的请求，并送他去阿姆斯特丹一所艺术学校系统地学习绘画。迪克实现了童年以来的最大梦想，高兴得无以复加。从此，他对绘画的热情越来越浓厚，并逐渐摸索出独到的极简绘画风格。

1955年的一个假期，迪克和年幼的孩子们，在海滩边见到一只小兔子旁若无人地狂奔，他不由得想起了幼时家里的那只兔子，这触动了迪克的创作灵感。于是当晚在睡觉前，他给孩子们讲了一个小兔子的故事。为了使故事更加生动，他亲手把故事画了出来。兔子的颜色也使用了最简单的红、黄、蓝三原色，因为简单的色彩能让孩子更清晰地感受到故事的温度。果真这个故事和图片受到孩子们的热烈欢迎，故事中的小兔子也成为后来热销全球的童话书主角米菲。

米菲兔看似简单，却投注了迪克极大的心血。在迪克心里，没有多余线条的作品，才能给孩子们最好的视觉感受。因此，每次他都会先画出素描草稿，再将多余的线条删除，直到再无一条多余的线条为止。在画米菲哭的时候，他也是先画三四滴眼泪，然后删去一滴，第二天再删去一滴，最后只留下一滴眼泪，经过删减的眼泪，在迪克心里才是最悲伤的那滴眼泪。为了完成一幅12页的画稿，迪克经常要淘汰几百张的废稿。在一次采访中，记者谈到废稿的数量，迪克用手比画了一个大约10厘米的厚度。即使如此，迪克也从来没有想过放弃，相反他把自己的全部感情融入画册里，日复一日、年复一年，一画就坚持了50年。

如今，米菲兔的故事已被翻译成50多种语言，在世界各地售出超过85万幅画作，并与众多品牌和设计师合作，给全世界的孩子们带来了快乐！迪克虽然去世了，然而他用一生去坚持梦想的精神却鼓舞着每一个人。对于人生中热爱的东西，我们应该拿出恒心和毅力，坚持到底，才能像"米菲兔之父"那样，最终收获卓越的人生！

温柔轻盈
缓慢坚定

一个人至少拥有一个梦想，有一个理由去坚强，心若没有栖息的地方，到哪里都是在流浪。

追着追着，就站到了成功的光环里

□陈 姣

世界上有两种动物能到达金字塔顶端，一种是雄鹰，另一种是蜗牛。

蜗牛没有飞翔的本领，要想登上金字塔的顶端，只能靠爬，靠它的坚持，需要付出千倍万倍于雄鹰的努力。但是，它只要爬上了金字塔的顶端，就可以像雄鹰一样雄视天下。

一只毫不起眼的蜗牛都能为了梦想拼尽力气，何况我们呢？梦想能指引我们前进的方向，它在某种条件下萌芽、生长、壮大。一个心怀梦想的人，即使像蜗牛一样毫不起眼，也能在专属的舞台上，证明自己的存在。

追梦的道路是曲折的，是充满坎坷的。但是，我们如果不放弃，坚定信念，即使步调缓慢，也能冲破重重阻碍。有一天，我们会发现，在追梦的过程中，追着追着，就站到了成功的光环里。那时，我们定会感谢现在努力拼搏的自己。

温柔轻盈 缓慢坚定

不懂反省的人，往往会从生活的这个坑掉进另外一个坑；盲目自大的人，容易在错误中越走越偏；经常自省的人，才能不断纠偏，找到正确的路。

第六辑

勇敢取舍，
活出曼妙的人生

梦想千百遍的暗涌，都不及实现那一秒的壮阔

□甘 北

你永远无法想象零下三十摄氏度是一种什么样的体验，除非，你亲自抵达那里。

朋友说，生活是一个巨大的魔盒，不打开它，就可能错过里面的巧克力。但在此前的二十几年里，她一次都没有勇气打开过。

朋友是典型的小镇姑娘，从小到大的成长轨迹都是爸爸妈妈规划好的。从重点幼儿园一直念到重点大学，毕业了再回到小镇工作。

她不知道外面的世界怎么样，也没有探索世界的欲望，直到她在电视上，看了一场时装秀。

她说，模特身上的那件礼服，从小到大在她的脑海里出现过无数次。她甚至翻出了一个素描本给我们看，全是她自己设计的服装款式：仿民国风格的学生装，可以穿去逛街的婚纱，能插兜的连衣裙……那是一个女孩深藏在心头多年的梦想，她却从未敢轻易示人。

她开始了一场长达四年的蜕变。学习专业设计、跑服装市场、做市场调研，那个早就习惯朝九晚五的姑娘，变成了不眠不休的拼命三娘。

就在去年，她自己的服装设计工作室正式成立。那天，她请我们吃饭，席间多喝了两杯，话也多了起来，她感叹道："这一天，我梦想了好多年，但直到今天我才知道，梦想千百遍的暗涌，都不及实现那一秒的壮阔。"

成功就像穿高跟鞋一样，你刚起步时可能会磨得满脚都是水泡，很多人都会因此放弃，而一路坚持下来的人，最后都会走出最优美的步伐。

4分钟的"奇迹"

□ 韩大爷的杂货铺

1954年之前,在4分钟以内跑完1英里(约合1.6千米),被认为是不可能发生在人类身上的事。不论是医生的推断,还是生理学家的实验,都判定4分钟跑完1英里已经是人体机能的极限。各大赛事上的选手们,也不断证实着这个观点。他们像被下了诅咒一样,有人最好的成绩停留在4分2秒,有人甚至跑出过4分1秒,但始终没人能突破4分钟大关。

罗杰·班尼斯特站出来说,我觉得跑进4分钟不是不可能的,我证明给你们看。当时他的最好成绩不过4分12秒,所以没人把这话当回事。他不断训练,成绩一点点进步,4分10秒、4分5秒……然后一直卡在了4分2秒。一些专家和运动员说,你看,不相信科学吧。可班尼斯特不管,投入更加疯狂的训练。直到1954年5月6日,他再次挑战1英里,用时3分59秒。

有趣的是,在"奇迹"发生之后,全世界的运动员仿佛集体开窍。6周后,一名澳大利亚选手跑出了3分57秒9的成绩。第二年,共有37名选手在4分钟以内撞破终点线。1956年,全世界已经有300多名运动员可以轻松打破"4分钟预言"。但从1954年到1956年,世界田径无论是在训练、奔跑技术上,还是在运动装备上,其实并没有长足的发展。

当我们不知道或不相信一些概念时,这个世界就好像以我们不知道或不相信的样子存在着,一旦我们感知到或相信其存在,它就又像我们已经知道的那样继续往前发展。

星海横流 岁月成碑 不管前方的路有多苦,只要走的方向正确,不管多么崎岖不平,都比站在原地更接近幸福。

早起一小时，你就赢了

□浮在天上的猫

有位前辈跟我算过一笔账：如果每天早起一小时，一个月就比别人多了30个小时。这30个小时，你可以看完几本书，可以在一门新技能上初入门槛……人与人的差距就是这样逐渐拉开的。

这笔账算得我热血沸腾，二话不说，当即着手去实施。

可是这激情来得快去得也快，每天早上被闹钟吵醒的电光石火间，就为自己找了无数的理由和借口开脱：睡眠不足影响一天的效率；学习不差这一会儿，先补个觉；明天一定把今天欠下的补回来……

等心满意足地睡过去后，又陷入懊悔自责中："真是没用，自己的征途是星辰大海，怎么连早起都做不到。"

有多少人和我一样，无数次地铆足劲儿想要早起，又无数次地折戟沉沙。

1

没有目标感，是最大的拦路虎。

我曾就早起这件事请教过一位学霸朋友。这位朋友笑着跟我说："可能是因为少了一种非达到不可的渴望。倘若你真想练成人鱼线，倘若你从心底想变优秀……也许闹钟还没响，你就已经自发地从床上跳起来了。"

我有点明白朋友的意思了。很多人没法早起，是因为还没有明确心中想要的。如果心中抱着可有可无的念头，自然很难坚持下去。反之，如果自己有一个坚定的目标，即使这目标有万里之遥，也必逐之。

就好像"为什么唐僧可以取得真经"这样的问题，在我们不约而同地回答说"因为有孙悟空"时，老师却笑着说："从踏出长安那一刻，他就知道他的目标在西天，矢志不移。这样的人不成功，谁成功？"

有人虚度年华，空有一身疲倦，不是不够努力，而是在迈向前方时尽是踌躇和茫然。所以在谈自律早起时，不如先想一下为何要早起，先想一下那个想穷其一生都要到达的地方。倘若心中了然，自然就有了早起的动力，有了努力的方向。

2

日拱一卒无有尽，功不唐捐终入海。没有量的积累，又怎能求质变？凡成大事者，都是一步一个脚印走出来的。

看到朋友利用早起那几十分钟看了好些书；看到有人早起晨跑，硬生生减了10斤；耳闻某某持之以恒地早起，啃下了一门外语……我才恍然明白，人生弯道超车往往就是这样完成的。

林旭从我认识他的时候，就保持着早起的习惯。大一早起看书，把开学时列的书单一本一本看完了；大二早起跑步，一开始跑一圈就气喘吁吁，但期末体育考试却拿了满分；大三早起去学日语，最后竟然也入门了。

现在他工作了，仍然雷打不动地坚持早起。他对我说："之所以喜欢早起，一个是早上的时间拉长了，另一个就是觉得这一天没白过，又赢了别人一步。"

其实，"早起一小时"的本质就是每天坚持腾出一段让自己学习的时间。毕竟没有点滴的酝酿，就无法汇聚成江海。

有人可能会问："一直坚持，但如果坚持五年后还没成功呢？"

有一个回答让我印象深刻：没事呀，你离你的梦想又缩短了五年。

人生就是一座山峰，我们都渴望立于山巅，一览众山小，但有人年少成名，有人大器晚成，每个人都有自己的人生节奏。

但无论如何，只要全力以赴，必然希望常在。

星海横流 岁月成碑　在不断前行的路上，我们不仅要拥有梦想，更要有实现梦想的勇气和行动。每一个努力的今天，都将成就更加美好的明天。

无臂赛车手极速追梦

□李 静

1987年,他生于波兰。从小受哥哥影响,他渐渐迷上了赛车,梦想着长大后成为一名职业赛车手。就在他按照既定目标一步步前行时,一场猝不及防的意外毁了他原本明丽的未来。

20岁那年,他和哥哥约好去看一场赛车比赛。路上,他只顾加速,就在通过一个路口时,他违规猛冲出去,与一辆大货车相撞。醒来时,他很庆幸自己的生命还在。可下一秒,他却发现生不如死。为了保住生命,他被截去了双臂。就在那一瞬间,他的梦想戛然而止。

他终日眼神空洞地望着天花板,不敢再想与赛车有关的一切。

一天,邻居家的小男孩在院子里把玩一台收音机,无意中碰到了音量键。刺耳的声音毫无保留地将一条新闻灌进他的耳中。内容是一个马拉松选手在比赛途中小腿抽筋,他本来是冠军的有力竞争者,可突发的意外让他与奖牌失之交臂。

听到这儿,他不禁轻轻叹了口气,感叹命运的无常。令他没想到的是,这条新闻并未结束,马拉松选手在明知失败的情况下,仍未放弃,而是忍着疼痛奔跑到了终点。

他心中早已熄灭的梦想的火焰在这一刻重燃,他陡然发现,马拉松选手可以放弃奖牌,但绝不会放弃奔跑到终点,而他虽然失去了双臂,但命运夺不走他追求梦想的初心。

他开始训练自己的双脚,让它们代替双手使他能独立完成生活中的琐事。在一次次失败,又一次次的坚持下,他的双脚被训练得越发灵活,他的生活开始变得有条不紊。

搁浅的梦想就在那时被重拾,他要凭借自己的双脚去驾驭赛车。这看似不可能的事，竟在他的不懈努力下，一点点实现。他学会了用脚操控赛车上的各种按钮和装置，也习惯了用双脚控制方向盘。3年后，他可以游刃有余地用脚驾驭赛车，并获得了国际赛车执照。那一刻，因为他的坚持，他的梦想终于璀璨绽放。

在车技日臻成熟后，他参加了欧洲拉力锦标赛波兰站的比赛，并成功跻身排名的上位圈。

这一成绩使他信心倍增，他决定向更高的目标迈进。

第一道障碍迎面而来。他首先必须练习需要赛车手不停换挡和使用手刹的漂移。这次挑战对他而言难度巨大。为此，他成立了自己的团队。

在成员们的帮助下，他对自己的赛车进行了全新改造。新的引擎和变速箱，以及专门改装了的挡位和手刹，都让他使用起来更得心应手。当然，他没忘加倍练习，以便更好地驾驭它们。

只要努力，奇迹一定会与你不期而遇。其后，他成功进入2014年欧洲"漂移之王"的比赛，并取得了不俗的成绩。他，就是巴尔泰克，世界上首位无臂赛车手。

没错，只要初心还在，命运就夺不走你追求卓越的梦想。

星海横流 岁月成碑

俗话说，一等二靠三落空，一想二干三成功。做一件事，与其喊破嗓子，不如甩开膀子，只有跨出第一步，才能看到成功的希望，我们与目标之间的距离不在于想法有多完善，而在于执行力有多强大。

用超强的行动力去追梦

□谷声熊

蕾切尔·萨斯曼是美国一个普通的摄影师。2004年夏天,她在日本旅行,遇见了一棵树。那是一棵日本绳文杉,当时2180岁了。它就矗立在山坡上,树干壮硕、枝条虬曲,树皮上布满深深浅浅、密密麻麻的皱纹。这种美,太安静了,像一首无言的歌,像一个永恒的吻。

她被深深地震撼了。

旅行归来,蕾切尔·萨斯曼继续上班。偶尔,她会想念那棵古树,那一段深入亚热带丛林的寻树之旅,那一个与陌生人、登山者、巴掌大的蜘蛛共同睡在森林小木屋破地板上的奇妙夏天。她突然觉得现在的生活并非她想要的,所以她频繁地换工作,以为这样就可以找到答案,可是每一次都觉得哪里不对。她甚至觉得她被那棵古树下了蛊——"你要记得我,用10年,甚至更久,去解开千年的谜咒。"

一天晚上,她和朋友再次提起那段探险故事,她口若悬河、眼里有光,猛然间发现这一段经历已经完全融进她生命里了。她想通了:她要去找寻那些世界上最老最老的生命,就像那棵绳文杉一样老,甚至更老的生命。

蕾切尔·萨斯曼要做的这件事,没有任何人做过,也找不到帮手,她只能孤军奋战。为了找到符合评判标准的那些古树,她不得不逼自己迅速向全能科学家转变。

她无数次地打开谷歌搜索,论文、学术报告、文献……她求知的触角伸向各个角落,甚至加入了学者们的野外考察小分队。最终,列出那些活了2000岁甚至更久的单一生物体和无性繁殖群体。

接下来,她出发了。为了拍摄南非的猴面包树,她深入有狮子、老虎的克鲁格国家公园;为了一睹3000岁的格陵兰黄绿地图衣的绝世芳容,她一个人在格陵兰迷了路；为了去会一会加勒比海的沟叶珊瑚虫，她不得不克服对深水的恐惧；为了拍到5500岁的南极苔藓，她穿越世界上最危险的开阔水域——德雷克海峡，在波涛起伏的南大洋捕捉到了那片仿若永生的绿色。还有智利3000岁的丛生小鹰芹、瑞典9550岁的挪威云杉、犹他州8万岁的颤杨，以及可能是地球上活得最久的生物的60万~70万岁的西伯利亚放线菌……

她坚持了10年，从一个只会按快门的摄影师，成长为一个掌握了各种野外生存技能的"女汉子"、一个知识领域的杂学家和一个对世界万物饱含大爱的大写的"人"。

在泥土中打滚，出来后却满身星辰。归来后，她开启了全球生态之旅，透过那些濒危的最老最老的生命，呼吁人们采取保护行动，重新审视人类的时间观，去思索除了作为吃喝玩乐的小写的"人"，作为地球物种之一的大写的"人类"，应该要如何保护大自然。

她把她的故事写成了一本名叫《世界上最老最老的生命》的书，这本书随即风靡世界。它让我们看见在大自然最老最老的生命面前，人类的渺小，也让我们看见在超强的行动力面前，人类的伟大。

星海横流 岁月成碑

莫愁千里路，自有到来风。无论前方道路多么崎岖，我们都要坦然面对，勇往直前。正如陆游所言："山重水复疑无路，柳暗花明又一村。"在生活的困境中，我们要坚定信念，相信自己；在人生的低谷里，我们要奋起拼搏，永不言败。用微笑迎接未来的挑战，用勇气书写人生的华章！

好的生命状态比选择更重要

□ 晚 秋

1

我曾就职于一家公司,我的老板是一位雷厉风行、叱咤商界的女强人。而生活中的她,幽默风趣,充满活力,喜欢和年轻人打成一片。她保养得当,心态年轻,看起来像是二十多岁的样子。但其实,她已经是四岁宝宝的奶奶了。

她会把新租来的办公室装扮成精致的小花园,绿色浓密的枝叶顺着办公室的一楼手扶梯攀爬到三楼,路过的员工会有一整天的好心情。她做得一手好菜,偶尔兴致来了,还会绾起头发,系上围裙,亲自为员工下厨。

跟她出差时,她会与我谈起她过往的一些坎坷的经历,分享她的人生经验。她说:"无论你在做什么,你的状态尤为关键。人生就是痛并快乐着的一个过程,问题也总会有的。不要轻易放弃,信念也要够笃定,那么人就会慢慢地靠近美好和远方。"后来的我,作息规律,生活方式健康,平时忙于事业,闲暇时到处旅行,每一步都走得很踏实。

拥有好的生命状态,意味着人即使身处世间的繁芜和逼仄,在跌宕起伏的山河岁月中行走,也会滤掉浮躁的因子静下心来,把眼前的事情一件一件踏实地做好,在氤氲流动的轨迹中呈现出它该有的样子来。

2

曾去过一家只卖羊羹和最中饼两种点心的小店,店面小而朴素,只有3平方米,年收入却很惊人。没有做任何广告宣传,还每天限量150个,每人限购5个,却门庭若市。很多人在早上四五点就过来排队了,遇上节假日,甚至凌晨一两点就排队等候购买了。

羊羹的制作虽然简单，无非是把红豆与面粉或者葛粉混合后蒸制，冷却成型即可。但一件事情看似简单，若要让它自带光芒，那么是需要用时间去精心打磨的。

　　这家小店的老板叫隼，他在高中毕业后便继承了父亲的点心店。但隼的父亲是一个很严苛的人，隼在制作羊羹的最初十年间，迟迟未得到父亲的认可。直到隼第一次"听"到紫色光芒的声音时，父亲终于点了下头。而为了让这道紫色的光芒持续，他又用了十年的时间对红豆的产量和质地、木炭的状态，甚至气温和湿度，进行了反复的摸索、调和。每当看到这道紫色的光芒时，他都会生发出极大的喜悦感。如今他所做的羊羹已经远远超过了他的父亲，而这，他用了一生的时间。

　　他说："一辈子，做好一件事情，什么事都可以。""现在慢一点儿没关系，只要记得前进就好。"

　　尽管世间浮华万千，人烟嚣盛聒噪，他们仍依心而行，专注一事。他们不随波逐流，不急不躁，一辈子只做一件事情，以匠人之心往深处静静沉入，并把这件事情做到极致。他们的生命就是他自己的一件作品。

3

　　在洋溢着生活气息的菜市场感受生活的热烈和温度，在厨房里下一顿饺子看那缕缕升起的烟火气，在书房中捧书阅读把岁月珍藏，或在旅途中行走，寻一片草木情深，看夕阳西下，黛青色的远山淡入云层……随清波婉转，赏风光霁月，千帆过尽依旧是万种风情。

　　去保持拙朴的天真，去进行温柔的试探，去慢慢靠近天地光阴的美好。以安静沉凝的生命状态，度过残缺而繁复的人生，活出生命该有的样子。

　　鉴天地之精微，察万物之规律。生活处处是修行，万物静观皆自得。养一心静气以致远，而这比什么都重要。

星海横流 岁月成碑　　宁愿跑起来被绊倒无数次，也不愿原地踏步，止步不前，就算跌倒也要豪迈地笑。

限量版人生

□黄竞天

菲利斯·苏是一位九十多岁的老奶奶，她有一段传奇的人生，说她传奇，并不是因为她是名门之后，或是有惊世之颜、倾城之姿，相反，她倒像是一朵风雨中的野玫瑰一般。

她14岁开始学习芭蕾，20多岁的时候，成了百老汇的一名专业舞者。真正令人惊叹的，是她步入老年之后的人生。在大多数人都选择退休养老的年纪里，她却选择了不一样的活法。

50多岁，她创立了自己的时装品牌；70岁学习作词作曲，并且学会了意大利语和法语；80岁开始跳探戈和秋千体操，从腾飞带来的灵感当中，创作出了人生中的第一首歌曲；85岁开始人生的第一堂瑜伽课；90岁的时候完成了一次高空跳伞。

她在自己92岁生日的时候，和她的舞伴老师一起，给来参加生日聚会的朋友们表演了一场精彩纷呈的探戈。而这段舞蹈视频，通过互联网传遍了全球。当我在视频当中看到这位已过耄耋之年的老奶奶美丽而又优雅地出场，随着音乐步伐稳健地做出一个漂亮的旋转时，我不由自主地为她喝彩鼓掌。

所谓限量版时尚，它的重点其实是一种有关生活的态度，没有态度的人生不过是随波逐流。菲利斯有这个态度。

就像每一个限量版的产品都是工匠心血的结晶一样，你的人生，也是你通过每一分、每一秒的累积，打造出来的独家限量版。

除掉睡眠，人的一辈子不过只有一万多天。所谓限量版的人生，就是充实、多彩地度过生命中的一万多个日子，而不是简单地将同样的一天重复一万多次。

未必奢华，但却独特；无须第一，但却唯一。

> 星海横流 岁月成碑
>
> 人生所有的机会，都是在你全力以赴的路上遇到的。

竞争中的"N效应"

□[美]戴维·迪萨尔沃　译/王岑卉

杰西卡走进教室，教室里还有另外十名学生。她环顾四周，打量自己所处的竞争环境，觉得自己胜算很大。老师把试卷发了下来，杰西卡充满干劲，想成为班里成绩最好的人。

杰森在另一间教室考试，这间教室比杰西卡所在的教室大了将近十倍。杰森挤来挤去，才在一百多名学生中间找到座位。他瞧着这个阵势，心里直发毛：我怎么可能比得过这么多人？和干劲十足的杰西卡比起来，杰森显然缺乏竞争欲。

这就是心理学家所说的"N效应"。"N效应"，指的是出现众多竞争者会打击某些竞争者的积极性。

怎么做才能避免"N效应"影响你的竞争欲呢？解决办法就是，及早意识到这种影响，并在它生效之前就用批判的眼光看待它。

换句话说，你要迫使自己比没有意识到它的时候更理性。例如你去参加面试，一进大堂就发现前面已经有六个应聘者在等着了。你的第一反应是，这下可惨了，我得到这份工作的机会可能很渺茫。这种想法会严重动摇你的信心，让你的竞争欲荡然无存。

若你及时遏制了这种念头："要是我不知道有这么多人来参加面试，我还会突然失去动力吗？我知道还是不知道，实际上又有什么区别呢？"事实上，唯一改变的东西就是，你意识到了至少还有六个人会跟你竞争。意识到这一点后，你的能力、技术和经验难道比之前差了吗？当然不是。如果能发挥自身的潜力，竞争力就不会有丝毫减弱。这么想，你就会昂首挺胸地去见面试官，拿出自己最好的表现。果然，你做得很好。

且视他人之疑目如盏盏鬼火，大胆地去走你的夜路。

毁不掉的优秀

□暗香疏影

2016年4月27日,在令人艳羡的鲜花与掌声中,她登上了"中国大学生自强之星"的领奖台;她被保送至浙江大学硕博连读;她参与研发的科研项目屡屡在湖北省大学生创新创业项目中获奖。也许你以为她是青春靓丽、意气风发的幸运天使,但其实,她曾是一名被上帝遗弃的毁容女孩,她就是王珊。

王珊年幼时曾遭遇过一场噩梦,面部被严重烧伤,在医院里住了整整一年,历经十多次整形手术,脸上的伤疤依然清晰可见。

王珊从医院回到学校时,同学们见到她大叫:"鬼来啦!"吓得四散奔逃。她走在大街上,人们纷纷投来异样的目光。回到家里,她偷偷拿起镜子,看到一张可怕的脸,吓得把镜子摔得粉碎,坐在地上绝望地哭喊:"像我这样的丑八怪,活着还有什么意思?"

爸爸走过来递给她一本《名人励志故事》,说:"不要太在意别人的看法,用读书来改变自己的命运。"王珊翻开书,看到轮椅作家史铁生与疾病和磨难顽强抗争,写下不朽著作;罗斯福不幸患上小儿麻痹症却逆袭为美国总统……这些蓬勃的生命之光,带给她无穷的信心和力量。她决定不再让父母操心,要活出自己的精彩。

在妈妈的帮助下,王珊学着用残缺的手指吃饭、写字、做家务。别人一只手可以拿住的东西,她要用两只手才能拿稳。撕透明胶时,短缺的手指使不上劲,她就拿着镊子,挑开小口子后再撕,她的手指不知磨破了多少层皮。每每看着一片血肉模糊,妈妈心疼得直掉泪。可王珊却微笑着安慰妈妈:"一点儿也不疼。"通过不懈的努力,9岁时,王珊可以凭借自己的双手,独自做一桌饭菜了。

学习上王珊更刻苦。无论刮风下雨，她总是第一个到教室开始晨读。自习课上同学们忙着聊天、玩手机，她却在书山题海中埋头苦战。功夫不负有心人，2012年，王珊以优异的成绩考上武汉科技大学。

　　当同学们如飞鸟出笼，忙着挥霍青春时，王珊却顶着骄阳，挤上公交车，往返于武汉三镇开始当家教赚取生活费和学费。由于她手指残缺，握不住扶手，重心不稳，好几次摔倒在车厢里。

　　大一时，老师和同学知道了她的难处，帮她申请了国家助学金，她却说自己能自食其力，把助学金让给了其他家境更困难的同学。虽然打工占用了大部分业余时间，但王珊对学习并未放松。每天早上，同寝室的同学还在睡梦中，她就悄悄起床，背着书包到操场上晨读；夜晚，同学们关灯睡了，她躲在被子里，开着小灯看书；周末，别的同学看电影、打游戏，她却默默地在实验室做着用硅胶"薄膜"导电测量脉搏、血压的实验，并攻克了所有难题，获得湖北省大学生创新创业项目金奖。

　　大四时，王珊以专业第二名的成绩顺利获得保研名额。她想申请浙江大学，可又怕对方看重外表。最后她鼓起勇气，忐忑地给导师发去一封邮件说明了自己的身体状况，并表达了自己的愿望和决心。没想到导师很快回复说他看重的是学生的科研素质、心态能力和培养潜力，其他的并不重要。导师的话给了王珊莫大的安慰和鼓舞。

　　后来，这个坚强勇敢、乐观自信的女孩终于如愿以偿地收到了浙江大学硕博连读的通知书。并从湖北省推选的五名"中国大学生自强之星"候选人中脱颖而出，登上了光鲜亮丽的领奖台。面对镜头，她说："上天可以毁掉我的容颜，却毁不掉我的梦想和信念，虽然没有靓丽的外表，但我依然拥有优秀的权利。"

　　你看，只要敢拼，梦想终能实现，每个人都拥有优秀的权利！

星海横流 岁月成碑　真正厉害的人，是在避开车马喧嚣后，还可以在心中修篱种菊；是在面对不如意时，还可以戒掉抱怨，学会自愈。

创造力强更易记住梦

□王海洋

梦这种生理现象一直困扰着哲学家、心理学家和睡眠专家。我们为什么做梦？梦意味着什么？能训练自己记住梦吗？近日，美国"每日健康"网站做出了解答。

早上起床后，有些人能清晰地回忆起昨晚的梦境并与别人分享，但到了下午，这些记忆就模糊了；有些人却压根记不住做过什么梦。是否做梦和能否想起梦的内容能反映出睡眠质量的高低吗？美国纽约蒙特菲奥尔医疗中心行为睡眠医学项目主任谢尔比·哈里斯博士认为未必如此。

大多数梦发生在快速眼动睡眠期。如果你记得梦，你可能曾在做梦期间醒来，所以它在脑海中是新鲜的记忆。如果你的快速眼动睡眠期占到了7小时睡眠的20%（不到一个半小时），你可能只记得最后10分钟生动的梦。回忆起梦取决于许多因素：人们焦虑或抑郁时，会更容易记住自己做的梦，这也许是因为心里不安会让人更多地醒来；某些药物（如部分治疗抑郁症的药物）会影响深度睡眠的质量，从而导致梦多；睡眠呼吸暂停也会影响做梦时间。此外，瑞士巴塞尔大学研究成果显示，青春期的女孩比男孩更有可能记住梦。这项研究还发现，创造力更强的人，能更多地回忆起梦境。

体内是否有充足的维生素B_6，也会影响能否记住梦。澳大利亚阿德莱德大学心理学院研究者表示，在睡前服用维生素B_6的人更容易记住自己所做的梦。英国斯旺西大学的研究者发现，在上午打盹10分钟也有助于清晰地回忆起梦。这可能是因为短暂的睡眠让大脑有足够的意识，在最后的快速眼动周期中回忆起梦。

> 星海横流
> 岁月成碑
>
> 人这一生，与其忧虑抱怨、害怕变数，不如反求诸己，不断提升自己，不断追求梦想。

和正能量的人交往，才是对自己负责
□Jenny乔

我有一个朋友，在北大光华读的本科，在一家知名投行工作了三年，去沃顿读了MBA（工商管理硕士）后，在硅谷待了几年。前年回国之后去了一家刚起步的IT（互联网）公司。她一直是个独立、有想法的女孩；极少在意别人的眼光。但她在那家公司才干了半年，就辞职了。怀着一腔热情打算干一番事业的她，觉得很失望。

她辞职，我不意外，因为很多像她这样不接地气的海归，想在国内施展拳脚，都会受到层层阻碍。让我惊讶的是，她竟然是被"人言可畏"这四个字逼走的。北大、沃顿的光环让她饱受评论和冷嘲热讽。她跟我说，不是多在意别人的眼光，而是每天在这样的环境里，她竟然开始觉得自己的优秀是一种缺陷。所以，她辞职了，回了香港，重新回到了老同学的圈子里。

我起初反对她这么做，觉得她是在逃避，不肯面对自己在意别人的眼光。不过，最终我同意了她的观点，和优秀的人交往，是对自己的负责。在那个环境里，她每天要耗费心神去应付那些闲言碎语，为了团队合作，还要试图让别人接纳她。

时间当然可以证明她的优秀，但这些时间，原本可以让她变得更优秀。

一个人对自己最大的不负责，就是继续和这些人待在一起，消耗自己去对抗与众不同的压力。所以，我总是喜欢和一些刚毕业的小朋友待在一起，他们毫不掩饰自己的努力，也从不吝惜对彼此的赞美，甚至光明正大地晒自己的战绩。在这样的人身边，你丝毫不用怀疑自己会变得更优秀。

星海横流 岁月成碑　失去金钱的人损失甚少，失去健康的人损失极多，失去勇气的人损失一切。

最坏的结局，不过是大器晚成

□王宇昆

我第一次看见夏姐喝醉，大概是在记录了去年最后一声蝉鸣的半夜。子夜一点的厦门安安静静，这一夜之后的下午两点，这个听了好几年BBC广播的女人，终于要飞去英国了。2015年，我进入实习公司的第二周，夏姐调到我们部门，工位就在我前面。以爱好加班著称的她，每天穿着黑色制服工装，吃自己带的沙县小吃便当，做PPT从不下载现成的模板，对工资精确到分，在这家小公司已经工作快四年了。

严格贯彻"工作与生活井水不犯河水"这项原则的我，在雅思英语班里看到别着一枚卡通小猫发卡的夏姐，还是没忍住上前去打了个招呼。

后来才知道，她大学毕业那年就想出国读书，但因为没钱，英语也不好，所以只能搁置这个梦想，进入职场。

考试报名费很贵，一次考试就要花去她小半个月的工资；去英国留学的费用也很贵，她每个月必须从工资里匀出一大笔攒学费。但每次看到她连吃顿沙县小吃都斤斤计较说"又涨价了"的时候，总感觉她身后是有光芒的。

"为什么一定要出国呢？"我问她。

"大四毕业那年，学院里有出国读研究生的名额，那时候我就算成绩排在第一名，又有什么用呢？我连最基本的在国外生活的费用都付不起。后来那个唯一的名额，就给了第二名。毕业之后，看到那个女生在空间里发的照片，我真的很羡慕啊！所以就想着，无论如何一定要靠自己的努力，去把这个遗憾补上。"

她的手机发出振动声，是日程提醒——到背单词的时间了。

"你想啊，人生接下来半辈子的时间都要用来工作，如果现在不出去看看，去经历一把，将来，或许就真的没有机会了。他们有的人说出国就是为了镀金，在我看来，或许这是我在同跌落俗套的命运做最后的抗争。

"你会学着一个人应对自己的命运，学着在完全陌生的世界里发现许多种可能。我们几乎每一个人都要找到一处栖身之所、一份养活自己的工作。但在这之前，我更想问清楚自己到底想要什么。"

这些年来，她一笔一笔攒出了留学英国的学费，跟跟跄跄边工作边学英语，也把雅思过了。去年她终于收到了剑桥大学的offer。与其说她是弥补遗憾，不如说是寻找一种可能。

或许夏姐的光芒恰恰就源自这样一份对于人生笃定的信念吧。夏姐喜欢说"凡是钱能解决的事，都是小事"。你可能没有钱，但你拥有时间；你可以不出类拔萃，但你必须努力。后来想想，的确是这样。有时候生活中的一些事情，我们之所以觉得遗憾，不是因为错过的事情本身，而是因为错过了由之而来的更多可能性。

> **星海横流 岁月成碑**
>
> 有时阻碍我们进步的，恰恰是我们的自我设限。我们会觉得自己只能如何如何，不敢去尝试和突破。到头来，可能会被牢牢地控制在舒适区。

我就是爱看朋友圈

□曲纬纬

节假日期间,我好多朋友旅行都不发朋友圈了,因为太多微信"爆文"说,"真正有品位的人不需要在朋友圈展示自己""凡事都发朋友圈炫耀是最低级的行为""发没营养的朋友圈简直太一般了"。

所以现在的朋友圈流行清汤寡水,有人干脆空空白白,俨然大方地告诉大家"我跟这个世界不熟"。有人几乎把日常状态删光,放几张滤镜冷淡的照片,营造一种"我藏在你捉摸不到的背后"的气质。

感觉大家对于"朋友圈"的态度过于敏感。

大概是微信对人的绑定程度已经越来越深,不管是工作还是生活,大家的人际关系全都捆绑在那里。

所以大家对朋友圈越来越敏感,似乎每条朋友圈都有展示的功能,稍微不慎,就会改变你在别人心中的印象。

但真的没必要太提心吊胆。

其实,朋友圈的英文叫"Moments(时刻)",就是负责捕捉收集和记录生命中的那些"时刻"。时刻是稍纵即逝的,不加犹豫的,像蝴蝶一样马上就能翩翩而飞的。

真心觉得朋友圈是个很伟大的产品,不但养活了我们这些自媒体人,加速信息传播。更重要的,我跟很多老朋友的感情,都是靠朋友圈维系的。

我跟很多老朋友不常见面,平时大家都很忙,也不会贸然私聊打扰对方。但是每天都能随手刷到他们的动态,得知他们生活的变化,顺便在评论区你一言我一语地闲聊,天涯若比邻,慢慢地不再担心老朋友在生命中突然消失,你对他的一切无从得知。

有时候遇到一些人,发朋友圈的频率极低。但也喜欢从他零星半点转发的文章里，窥探到本人的面貌。有的人的朋友圈只发金融界文章，但深夜突然看到他发了一次自己的恶搞小咖秀，突然觉得他可爱了很多。

还有人热衷分享。经常本着翻杂志的心态翻一些人的朋友圈，看他最近推荐了什么书，去旧货市场买了什么有趣的小玩意儿，听了哪些好玩的音乐，每次都觉得有不少收获。

有人晒自己住的酒店，吃过的精致餐厅，我也没觉得有什么问题，反倒把她当成了我的私人大众点评，经常跟着她朋友圈的脚步去吃吃喝喝。

我并不觉得这些展示是炫耀。

一个坦荡纯粹的人，会把展示生活看成一种真诚的分享，同样不会把别人的展示看成炫耀。如果有人用恶意揣测你，那他要么狭隘，要么根本不是你的朋友。

我很喜欢点开朋友圈看到各种类型的动态，看到缤纷的多元的人，进入热气腾腾的人间。

我更害怕的，是点开一个光秃秃毫无生气的朋友圈，没有一点儿入口去了解这个人，那真的好遗憾。

在朋友圈纵情撒野就好啊，肯定有很多瞬间，你只想发一些没营养的蠢话。那就是用来记录你人生的"Moments"，不需要包装得小心严谨，也不需要删除那些偶尔的牢骚和琐碎。

想想我们被明星"圈粉"的时刻吧。是明星们把生活中的小窘迫和小情绪都原貌展示给你，让你看到了生活不加粉饰的多面性。

而每个有魅力的人，有魅力的朋友圈，不是因为你看到了清一色精致的单调，而是看到了有笑有泪、情绪迸发的人生。

星海横流
岁月成碑

不断向前奔跑，也许跑不过别人，但一定能跑过昨天的自己。

语言的力量

□关山远

人跟人真的不一样，有的人，几十年稀里糊涂，神经粗大，拥有渡边淳一所说的钝感力；有的人，一生精明，目标既定后，唯恐走错一步路，说错一句话。但是，总有一句话，能够击中一个人的心，即使这颗心再粗糙，也会被语言找到缝隙，直抵内心柔软处。

公元505年，一介武夫陈伯之，居然被一段话打动，率八千人归降。这段话很著名："暮春三月，江南草长，杂花生树，群莺乱飞。"当时是南北朝混乱岁月，南朝梁武帝派兵北伐，与北魏大将陈伯之对峙。陈伯之本是南方人，后来叛逃到北边。眼看血战在即，南朝遂安排丘迟写信招降。丘迟以文采著称，写就一篇《与陈伯之书》，没多久，陈伯之就投降了。史载，他被描写南方风物的那16个字深深打动了。

陈伯之恶少出身，小时候身上总带把刀，四处游荡，看到别人家稻子成熟了，就偷偷去割。稻田主人发现，斥责他说："小孩子不要动我的稻子！"陈伯之无赖地回答："你的稻子这么多，割一担有什么要紧？"稻田主人准备捉住他，陈伯之就亮出刀子来，作势欲刺，说："小孩子就是这样！"稻田主人吓跑了，于是他慢慢挑着稻谷回家。长大后，他做了强盗，后来从军，打仗勇敢，慢慢混出来了，却还是流氓无赖的底子。但就是这样的人，也会被一段充满文采的话彻底打动，诚如法国大文豪雨果所说："语言就是力量。"

春秋战国时期，有一群把语言的力量发挥到极致的牛人，靠三寸不烂之舌混成"高级干部"。他们的职业叫"说客"，周游列国，跟君王聊天，或劝进军，或劝退兵，往往都能奏效。这种聊天是卓有成效的，说客们可不是陈胜、刘邦、朱元璋面前的农民，他们都是出色的演说家、外交官、心理大师兼表演艺术家，直接影响到当时的风云变幻。

有个叫唐雎的牛人，被安陵国派遣出使秦国。安陵国是个小国，秦国久怀觊觎，企图威逼利诱，不战而得。秦王面对唐雎，完全不把对方放在眼里，一派你不配跟我聊天的架势，威胁要出兵灭掉安陵国。唐雎怒了，发表了著名的一段演讲："此庸夫之怒也，非士之怒也。夫专诸之刺王僚也，彗星袭月；聂政之刺韩傀也，白虹贯日；要离之刺庆忌也，仓鹰击于殿上。此三子者，皆布衣之士也，怀怒未发，休祲降于天，与臣而将四矣。若士必怒，伏尸二人，流血五步，天下缟素，今日是也。"

这一番话，排山倒海，气势逼人，把秦王镇住了。类似唐雎这样的人，还有很多。所以刘勰在其名著《文心雕龙》里这样感叹："一人之辩重于九鼎之宝，三寸之舌强于百万之师。"

值得一提的是，唐雎跟秦王并非文绉绉地聊天，他像连珠炮一般向秦王抛出一串排比句时，还辅以"挺剑而起"的动作，秦王心慌了。

聊天的环境很重要。情人在彩霞满天的海边求爱，自然比在嘈杂的菜市场成功率要高得多。后人考证过，陈伯之是个文盲，他不认字，又怎么会被"暮春三月，江南草长，杂花生树，群莺乱飞"打动？原因是：给他读信的人，声情并茂。古人讲究声律，苏东坡曾说过："三分诗，七分读耳。"

关于聊天，后人更精确地总结出一个著名公式：信息沟通效果=7%的言词+38%的语音语调+55%的表情动作。遥想当年，应该是南北朝最著名的"主播"，酝酿半天感情后，抑扬顿挫，热泪盈眶，在陈伯之面前念了这封信。

> **星海横流**
> **岁月成碑**
>
> 你努力奋斗不是为了给谁看，而是为了让你成为连自己都羡慕的人。

敬 启

本书为正规出版物。在阅读过程中，若遇内容方面任何问题，请与我们联系，联系电话18501931246。因此影响到您的阅读体验，我们深感抱歉！感谢您对本书的认真阅读。